湖南大学建筑与规划学院教学成果丛书

设计的实践 转译与传承

湖南大学建筑与规划学院优秀实践案例汇编

2015-2021

Compilation of Excellent Design Practice Cases of School
of Architecture and Planning, Hunan University

湖南大学建筑与规划学院教学成果编写组 编

中国建筑工业出版社

图书在版编目（CIP）数据

设计的实践 转译与传承：湖南大学建筑与规划学院优秀实践案例汇编：2015-2021 = Compilation of Excellent Design Practice Cases of School of Architecture and Planning, Hunan University / 湖南大学建筑与规划学院教学成果编写组编. -- 北京：中国建筑工业出版社，2022.9
（湖南大学建筑与规划学院教学成果丛书）
ISBN 978-7-112-27759-9

Ⅰ．①设… Ⅱ．①湖… Ⅲ．①建筑设计－案例－汇编－高等学校 Ⅳ．①TU206

中国版本图书馆CIP数据核字(2022)第147483号

责任编辑：陈夕涛 李东 徐昌强
责任校对：王烨

湖南大学建筑与规划学院教学成果丛书
设计的实践 转译与传承
湖南大学建筑与规划学院优秀实践案例汇编
2015-2021
Compilation of Excellent Design Practice Cases of School of Architecture and Planning, Hunan University

湖南大学建筑与规划学院教学成果编写组 编
*
中国建筑工业出版社出版、发行（北京海淀三里河路9号）
各地新华书店、建筑书店经销
北京富诚彩色印刷有限公司印刷
*
开本：787毫米×1092毫米 1/16 印张：15¼ 字数：365千字
2022年11月第一版 2022年11月第一次印刷
定价：128.00元
ISBN 978-7-112-27759-9
（39059）

湖南大学建筑与规划学院教学成果丛书编委会

顾　问：魏春雨
主　编：徐　峰
副主编：袁朝晖　焦　胜　卢健松　叶　强　陈　翚　周　恺

设计的起点　认知与启蒙
湖南大学建筑与规划学院优秀基础教学成果汇编 2015-2021
执行主编：钟力力
参与编辑：胡梦倩　陈瑞琦　林煜芸　亓宣雯

设计的生成　过程与教学
湖南大学建筑与规划学院优秀课程设计汇编 2015-2021
执行主编：许昊皓
参与编辑：李　理　齐　靖　向　辉　邢书舟　王　蕾　刘　晴　刘　骞　杨赛尔　高美祥
　　　　　王　文　陆秋伶　谭依婷　燕良峰　尹兆升　吕潇洋

设计的检验　理性与创新
湖南大学建筑与规划学院优秀毕业设计汇编 2015-2021
执行主编：杨　涛　姜　敏
参与编辑：王小雨　黄龙颜　王　慧　李金株　张书瑜　闫志佳　叶　天　胡彭年

设计的实践　转译与传承
湖南大学建筑与规划学院优秀实践案例汇编 2015-2021
执行主编：沈　瑶
参与编辑：张　光　陈　娜　黎璟玉　廖静雯　林煜芸　陈瑞琦　陈偌晞　刘　颖　欧阳璐

设计的理论　在地与远方
湖南大学建筑与规划学院优秀研究论文汇编 2015-2021
执行主编：沈　瑶
参与编辑：何　成　冉　静　成逸凡　张源林　廖土杰　王禹廷

序言

在从事大学建筑学及规划专业教学活动中，我们常面临一个问题，关于学科属性的拷问：建筑学的内涵、外延到底是什么？

我们在教学过程中没有统一的教材，若有，恐怕师生也弃之不用，其中原因想必大家也知晓。教师及其团队面向社会的生产与研究，成了我们教学研究不可或缺的环节。学院这么多年，没有统一的号令，也没有统一模式，但老师们根据常年各自的研究方向、设计实践陆续形成了一些小的工作室与团队，而其模式有别于设计院生产性的设计团队，更多的是一种松弛的状态，主要特征是呈现出一种工坊的调性，存在不同的方向。久而久之，学院的特定团队将方向转化与沉淀为一些教学特色。此外，也锻炼了一批青年教师，使他们在教学时言之有物，而这些老师也是深受学生欢迎的。

"无心插柳柳成荫。"

建筑学的学科属性有特殊性。这个学科没有大量的精密实验室，没有高、精、尖的设备，我们的实验室可能要面向社会去对接一些实际问题，我们的成果也没有简单的一个评价标准，可以说设计学科是一个落地性很强的学科。我们是通过解决问题来实现所谓设计价值的。

工作室是没有统一标准的，老师们根据自己的研究，慢慢聚集，是一种自组织的状态，没有设计院的体系化管控，因而呈现出了一些差异性和丰富性，多视角、多维度的思考实践拓展了我们的学科外延。学科外延拓展得越宽广，就越发地接近学科的本质内涵。

经过这些年的积累，学院将设计实践案例整理成册，突然发现，这些设计折射出了许多闪光点，或许是这种业余状态使然。

魏春雨

2021.12.01

总体介绍

学校概况

湖南大学办学历史悠久、教育传统优良，是教育部直属全国重点大学，国家"211 工程""985 工程"重点建设高校，国家"世界一流大学"建设高校。湖南大学办学起源于公元 976 年创建的岳麓书院，始终保持着文化教育教学的连续性。1903 年改制为湖南高等学堂，1926 年定名为湖南大学。目前，学校建有 5 个国家级人才培养基地、4 个国家级实验教学示范中心、1 个国家级虚拟仿真实验教学中心、拥有 8 个国家级教学团队、6 个人才培养模式创新实验区；拥有国家重点实验室 2 个、国家工程技术研究中心 2 个、国家级国际合作基地 3 个、国家工程实验室 1 个；入选全国首批深化创新创业教育改革示范高校、全国创新创业典型经验高校、全国高校实践育人创新创业基地。

学院概况

湖南大学建筑与规划学院的办学历史可追溯到 1929 年,著名建筑学家刘敦桢、柳士英在湖南大学土木系中创办建筑组。90 余年以来，学院一直是我国建筑学专业高端人才培养基地。学院下设两个系、三个研究中心和两个省级科研平台，即建筑系、城乡规划系、地方建筑研究中心、建筑节能绿色建筑研究中心、建筑遗产保护研究中心、丘陵地区城乡人居环境科学湖南省重点实验室、湖南省地方建筑科学与技术国际科技创新合作基地。

办学历程

1929 年，著名建筑学家刘敦桢在湖南大学土木系中创办建筑组。

1934 年，中国第一个建筑学专业 —— 苏州工业专门学校建筑科的创始人柳士英来湖南大学主持建筑学专业。柳士英在兼任土木系主任的同时坚持建筑学专业教育。

1953 年，全国院系调整，湖南大学合并了中南地区各院校的土木、建筑方面的学科专业，改名"中南土木建筑学院"，下设营建系。柳士英担任中南土建学院院长。

1962 年，柳士英先生开始招收建筑学专业研究生，湖南大学成为国务院授权的国内第一批建筑学研究生招生院校之一。

1978 年，在土木系中恢复"文革"中停办的建筑学专业，1984 年独立为建筑系。

1986 年，开始招收城市规划方向硕士研究生。

1995 年，在湖南省内第一个设立五年制城市规划本科专业。

1996 年至 2004 年间，三次通过建设部组织的建筑学专业本科及研究生教育评估。

2005 年，学校改建筑系为建筑学院，下设建筑、城市规划、环境艺术 3 个系，建筑历史与理论、建筑技术 2 个研究中心和 1 个实验中心。2005 年，申报建筑设计及其理论博士点，获得批准。同年获得建筑学一级学科硕士点授予权。

2006 年设立景观设计系，2006 年成立湖南大学城市建筑研究所，2007 年成立湖南大学村落文化研究所。

2008 年，城市规划本科专业在湖南省内率先通过全国高等学校城市规划专业教育评估。

2010 年 12 月，获得建筑学一级学科博士点授予权，下设建筑设计及理论、城市规划与理论、建筑历史及理论、建筑技术及理论、生态城市与绿色建筑五个二级学科方向。

2010 年，将"城市规划系"改为"城乡规划系"。

2011 年，建筑学一级学科对应调整，申报并获得城乡规划学一级学科博士点授予权。

2012 年，城乡规划学本科（五年制）、硕士研究生教育通过专业教育评估。

2012 年，获得城市规划专业硕士授权点。

2012 年，教育部公布的全国一级学科排名中，湖南大学城乡规划学一级学科为第 15 位。

2014 年，设立建筑学博士后流动站。

2016 年，城乡规划学硕士研究生教育专业评估复评通过，有效期 6 年。

2017 年，在第四轮学科评估中为 B 类（并列 11 位）。

2019 年，建筑学专业获批国家级一流本科专业建设点，建成湖南省地方建筑科学与技术国际科技创新合作基地;

2020 年，城乡规划专业获评国家级一流本科专业建设点。

2020 年，建成丘陵地区城乡人居环境科学湖南省重点实验室。

2021 年，"建筑学院"更名为"建筑与规划学院"。

建筑学专业介绍

一、学科基本情况

本学科办学 90 余年以来，一直是我国建筑学专业的高端人才培养基地。1929 年，著名建筑学家刘敦桢、柳士英在湖南大学土木系中创办建筑组；1953 年改为"中南土木建筑学院"，成为江南最强的土建类学科；1962 年成为国务院授权第一批建筑学专业硕士研究生招生单位；1996 年首次通过专业评估以来，本科及硕士研究生培养多次获"优秀"通过；2011 年获批建筑学一级学科博士授予权；2014 年获批建筑学博士后流动站；2019 年获批国家级一流本科专业建设点。

二、学科方向与优势特色

下设建筑设计及理论、建筑历史与理论、建筑技术科学、城市设计理论与方法 4 个主要方向，通过科研项目和社会实践，实现前沿领域对接，已形成了"地方建筑创作""可持续建筑技术""绿色宜居村镇""建筑遗产数字保护技术"等特色与优势方向。

三、人才培养目标

承岳麓书院千年文脉，续中南土木建筑学院学科基础，依湖南大学综合性学科背景，适应全球化趋势及技术变革特点，着力培养创新意识、文化内涵、工程实践能力兼融的建筑学行业领军人才。

城乡规划专业介绍

一、学科基本情况

本学科是全国较早开展规划教育的大学之一，具有完备的人才培养体系（本科、学术型／专业型硕士研究生、学术型／工程类博士、博士后），湖南省"双一流"建设重点学科。本科和研究生教育均已通过专业评估，有效期 6 年。

二、学科方向与优势特色

学位点下设城乡规划与设计、住房与社区建设规划、城乡生态环境与基础设施规划、城乡发展历史与遗产保护规划、区域发展与空间规划 5 个主要方向，通过科研项目和社会实践，实现前沿领域对接，已形成了城市空间结构、城市公共安全与健康、丘陵城市规划与设计、乡村规划、城市更新与社区营造等特色与优势方向。学科建有湖南省重点实验室"丘陵地区城乡人居环境科学"、与湖南省自然资源厅共建"湖南省国土空间规划研究中心"、与住房与城乡建设部合办"中国城乡建设与社区治理研究院"。

三、人才培养目标

学科聚焦世界前沿理论，面向国家重大需求，面向人民生命健康，服务国家和地方经济战略，承担国家级科研任务，产出高水平学术成果，提供高品质规划设计和咨询服务，在地方精准扶贫与乡村振兴工作中发挥作用，引领地方建设标准编制，推动专业学术组织发展。致力于培养基础扎实、视野开阔、德才兼备，具有良好人文素养、创新思维和探索精神的复合型高素质人才。

General introduction

Introduction to Hunan University

Hunan University is an old and prestigious school with an excellent educational tradition. It is considered a National Key University by the Ministry of education, is integral to the national "211 Project" and "985 Project", and has been named a national "world-class university". Hunan University as it is today, originally known as Yuelu Academy, was founded in 976 and has continued to maintained the culture, education, and teaching for which it was so well known in the past. It was restructured into the university of higher education that exists today in 1903 and officially renamed Hunan University in 1926. The university has five national talent training bases, four national experimental teaching demonstration centers, one national virtual simulation experimental teaching center, eight national teaching teams, and six talent training mode innovation experimental areas. The school is also well equipped in terms of facilities, as it has two national key laboratories, two national engineering technology research centers, three national international cooperation bases, and one national engineering laboratory. It has also received many honors, as it is considered one of the top national demonstration universities for deepening innovation and entrepreneurship education reform, one of the top national universities with opportunities in innovation and entrepreneurship, and one of the top national universities' for practical education, innovation, and entrepreneurship.

School overview

The origin of the School of Architecture and Planning at Hunan University can be traced back to 1929, when famous architects Liu Dunzhen and Liu Shiying founded the architecture group as part of the Department of Civil Engineering. For more than 90 years, it has been a high-level talent training base for architecture in China. The school has two departments, three research centers, and two provincial scientific research platforms, namely, the Department of Architecture, the Department of Urban and Rural Planning, the Local Building Research Center, the Energy-saving Green Building Research Center, the Building Heritage Protection Research Center, the Hunan Provincial Key Laboratory of Urban and Rural Human Settlements and Environmental Science in Hilly Aeas, and the Hunan Provincial Local Science and Technology, International Scientific and Technological Innovation Cooperation Base.

Timeline of the University of Hunan's development

In 1929, the famous architect Liu Dunzhen founded the construction group within the Department of Civil Engineering at Hunan University.

In 1934, Liu Shiying, the founder of the Architecture Department of the Suzhou Institute of Technology, which was the first one to provide major in architecture in China, came to Hunan University to preside over architecture major. Liu Shiying insisted on architectural education while concurrently serving as the director of the Department of Civil Engineering.

In 1953, with the adjustment of national colleges and departments, Hunan University merged their disciplines of civil engineering and architecture with various colleges and universities in central and southern China, forming a new institution that was renamed "Central and Southern Institute of Civil Engineering and Architecture". At this new institution, they set up a Department of Construction. Liu Shiying served as president of the Central South Civil Engineering College.

In 1962, Liu Shiying began to recruit postgraduates majoring in architecture. Hunan University became one of the first institutions authorized by the State Council to recruit postgraduates in architecture in China.

In 1978, Liu Shiying resumed providing the architecture major in the Department of Civil Engineering, which had been suspended during the Cultural Revolution. The Department of Architecture became independent in 1984.

In 1986, the University of Hunan began to recruit master's students to study urban planning.

In 1995, the first five-year official undergraduate major in urban planning was established in Hunan Province.

From 1996 to 2004, the university passed the undergraduate and graduate education evaluation of architecture organized by the Ministry of Construction three times.

In 2005, the school changed its architecture department into an Architecture College, which included the three departments of architecture, urban planning, and environmental art design, two research centers for architectural history, theory, and architectural technology respectively, and one experimental center.In 2005, the university applied to provide a doctoral program of architectural design and theory, which was approved. In the same year, it was also granted the right to provide a master's degree in architecture.

In 2006, the Department of Landscape Design and the Institute of Urban Architecture at Hunan University were established.In 2007, the Institute of Village Culture at Hunan University was established.

In 2008, the undergraduate major of urban planning took the lead in passing the education evaluation for urban planning majors in national colleges and universities in Hunan Province.

In December 2010, Hunan University was granted the right to provide a doctoral program in the first-class discipline of architecture, with five second-class discipline directions, including: Architectural Design and Theory, Urban Planning and Theory, Architectural History and Theory, Architectural Technology and Theory, and Ecological City and Green Building Design.

In 2010, the "Urban Planning Department" was changed to the "Urban and Rural Planning Department".

In 2011, the university applied for and obtained the ability to transform the first-class discipline of architecture to provide the right to grant the doctoral program of the first-class discipline of urban and rural planning.

In 2012, the undergraduate (five-year) and master's degree in education in urban and rural planning passed the professional education evaluation.

In 2012, it obtained the authorization to provide a master's in urban planning.

In the national first-class discipline ranking released by the Ministry of Education in 2012, the first-class discipline of urban and rural planning of Hunan University ranked 15th overall.

In 2014, a post-doctoral mobile station for architecture was established.

In 2016, the degree program for a Master of Urban and Rural Planning was given a professional re-evaluation and passed, which is valid for another 6 years.

In 2017, the university was classified as Class B and tied for 11th place in the fourth round of discipline evaluation.

In 2019, the architecture specialty was approved as a National First-Class Undergraduate Specialty Construction Site and built into an international scientific and technological innovation and cooperation base of local building science and technology in Hunan Province.

In 2020, the major of urban and rural planning was rated as a national first-class undergraduate major construction point.

In 2020, the school began construction on the Hunan Key Laboratory of Urban and Rural Human Settlements and Environmental Science in Hilly Areas.

In 2021, the "School of Architecture" was renamed the "School of Architecture and Planning".

Introduction to architecture

1. Discipline overview

This university has provided a high-level talent training base for architecture in China for more than 90 years. In 1929, famous architects Liu Dunzhen and Liu Shiying founded the construction group in the Department of Civil Engineering of Hunan University. In 1953, the department was transformed into the Central South Institute of Civil Engineering and Architecture, becoming the leading institute in the Southern Yangzi River (Jiangnan). In 1962, the program was among the first graduate enrollment units of architecture authorized by the State Council. Since passing the professional evaluation for the first time in 1996, the cultivation of undergraduate and postgraduate students has maintained the grade of "excellent" in the many following evaluations. In 2011, the university was granted the right to provide a doctorate degree of the first-class discipline of architecture. The department was approved as a post-doctoral mobile station in architecture in 2014. In 2019, it was approved as a national first-class undergraduate professional construction site.

2. Discipline orientation and features

The degree of Architecture at Hunan Uni versity has four main academic directions: Architectural Design and Theory, Architectural History and Theory, Architectural Technology Science, and Urban Design Theory and Methods. Through scientific research projects and social practice, school has established a serial of featured fields, which include "Local Architectural Creation and Praxis", "Sustainable Architectural Technology", "Green Livable Villages and Towns", and "Digital Protection Technology Of Architectural Heritage".

3. Objectives of professional training

The program of degree strives to inherit the thousand-year history of Yuelu Academy, continue the discipline foundations of the Central South Institute of Civil Engineering and Architecture, follow the comprehensive discipline background of Hunan University, adapt to the trend of globalization and the characteristics of technological change, and strive to cultivate high-level leading talents of architecture for the industry with innovative thinking, high humanistic intuition, solid and broad engineering practice ability.

Introduction to urban and rural planning

1. Discipline overview

The degree program at Hunan University is among the earliest ones in China to provide planning education. It has a complete professional training system, from undergraduate, academic, and professional postgraduate programs to academic and engineering doctoral and postdoctoral programs, and it is considered a double first-class key department in Hunan Province. Both the undergraduate and graduate education tracks have passed professional evaluation and are valid for 6 years.

2. Discipline orientation and features

This degree program includes five academic areas: Urban and Rural Planning and Design, Housing and Community Construction Planning, Urban and Rural Ecological Environment and Infrastructure Planning, Urban and Rural Development History and Heritage Protection Planning, and Regional Development and Spatial Planning. Through scientific research projects and social practice, the program has established a serial of featured fields, and provides curriculums for urban spatial structure, urban public safety and health, hilly urban planning and design, rural planning, urban renewal, and community construction. The program provides access to the Hunan Key Laboratory on the Science of Urban and Rural Human Settlements in Hilly Areas, the Hunan Provincial Land and Space Planning Research Center that was jointly built with Hunan Provincial Department of Natural Resources, and the China Academy of Urban and Rural Construction and Social Governance which was jointly organized with the Ministry of Housing and Urban Rural Development.

3. Objectives of professional training

The program focuses on the cutting-edge theories, tackles major national needs and the problems surrounding individual quality of life, serves national and local economic strategies, undertakes national scientific research tasks, produces high-level academic achievements, provides high-quality planning, design, and consulting services, plays a role in local targeted poverty alleviation and rural revitalization, leads the preparation of local construction standards, and promotes the development of professional academic organizations. We are committed to cultivating high-caliber talents with a solid educational foundation, broad vision, political integrity and talent, high moral compass, innovative thinking abilities, and exploratory spirit.

目录

有田设计
U-LAND DESIGN

原筑设计工作室
ORIGINAL ARCHITECTURE DESIGN STUDIO

合众创作设计研究中心
HEZHONG CREATIVE DESIGN RESEARCH INSTITUTE

陈飞虎艺术工作室
FLYING TIGER CHEN ART STUDIO

灰房子工作室
H · HOUSE STUDIO

文物与古建筑设计研究所
DESIGN AND RESEARCH INSTITUTE OF CULTURAL RELICS AND ANCIENT ARCHITECTURE

都市空间设计研究中心
URBAN DESIGN RESEARCH CENTER

湖南大学设计研究院 — 规划设计三所
THE NO.3 PLANNING INSTITUTE OF HUNAN UNIVERSITY DESIGN AND RESEARCH INSTITUTE

绿色建筑与生态城市研究工作室
THE RESEARCH STUDIO OF GREEN BUILDING AND ECO-CITY

境设计研究中心
ENVIRONMENT DESIGN RESEARCH CENTER

HSY 设计研究工作室
HSY DESIGN AND RESEARCH STUDIO

丘陵城市规划研究中心
HILLY URBAN PLANNING RESEARCH CENTER

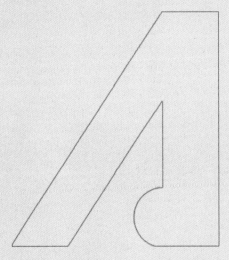

湖南大学建筑与规划学院
School of Architecture and Planning, Hunan University

地方工作室
WCY REGIONAL STUDIO

地方工作室团队合影

多年来地方工作室一直在寻找一个支点，一个可以称之为"地方"的支点。

在地方从事地方设计一定离不开对自身所在地方的基本认同与致礼般的探寻。然而，即便身处地方，我们对地方的认知也经历了一段由浅入深、由表及里的思辨过程。早先，我们对地方的认知并没有脱离一般意义的地域表征，更多想表达设计的归属性，是指呈现一种特定的空间认知与空间定位的意义。后来我们持续关注类型与原型研究，聚焦地域类型研究，有了些在地性的积累。据此，我们提出了地域类型学的研究体系。

我也曾痴迷于结构主义哲学，结构主义强调结构的三个属性：整体性、自调性、转换性，这是我理解建筑"自治性"的理论逻辑所在。也可以说，在相当长的一段时间里，地方工作室的设计支点是一种建立在结构主义基础上，以类型、原型为内核的地方自治性表达。

在时下设计风格、流派"城头变幻大王旗"的背景下，我们坚守地方不跟风，然而随着创作的深入，我们也深感纠结与困惑：地方工作室所主张的建筑自治性表达应如何发展？类型与原型背后深层的生成逻辑是什么？场所中人的因素如何呈现？这些问题最终均指向了一种古老而带有自省式的由康德所提出的哲学概念——图式。图式可以通过心理学现象中的"投射"作用于建筑而再现，即"图式再现"。换言之，图式可以成为研究建筑创作思维的重要途径。它启示我们关注形式背后人内在的心理感受及其形成机制。我们近期的一系列设计亦尝试超越形式框囿，去触碰形而上的意义，追求"地方"深层的场所语义。

"地方"蕴含着多重语义，能为我们提供无穷的设计源泉与依托："地"是一种地域与空间的概念，在地属性，指向自然环境；"方"，我理解为一种制约，是人工介入自然的方式，更多地指向人文与心理图式。我们据此建构出"深层结构—类型原型—心理图式"的理论框架，建立我们对设计的基本认知。

地方工作室作为"教学与设计工坊"，具有一定的流动性，这么多年来我们一以贯之地推行一种共同的设计价值并非易事。从类型、原型到图式的脉络贯穿地方工作室的地方实践，这就是我们十几年能够坚持并守望地方的支点。

我们以图式的形而上的意义抵抗时下过于依赖技术和物欲化的倾向；
我们以原朴、恒定的设计语汇去契合人们心中深藏的那份渴求平静与崇敬的情结；
我们让建筑呈现一种安静的力量；
我们以瞬间表达永恒，借助深景透视来表达历时性与共时性并存。

至此，"地方"已经超越其字面含义，不再是简单的地方，将地方的语义由简单的物理空间拓展到更加多义的一种语境，我们将其作为一种审美认知与设计态度乃至价值体系。我们立足"地方"，而又以图式的概念超越"地方"。"地方"已不是一种简单的时空定位，它是存在于我们内心的某种图式，是一种我们在设计之路上一直追寻的心灵慰藉。

我们只有回归到内心自省，才能认知"地方"。

奖项
AWARDS

2021 年   湖南田汉文化园，中国建筑学会建筑创作大奖（2021），一等奖

2019 年   谢子龙影像艺术馆，亚洲建筑师协会建筑奖，金奖

2019 年   谢子龙影像艺术馆，中国建筑学会建筑创作大奖（2009-2019），一等奖

2019 年   湖南大学天马新校区，中国建筑学会建筑创作大奖（2009-2019），一等奖

2019 年   中国书院博物馆，中国建筑学会建筑创作大奖（2009-2019），一等奖

2019 年   洋湖湿地公园配套用房（李自健美术馆），全国优秀勘察设计奖，一等奖

2019 年   中车株洲电力机车有限公司科技文化展示中心，全国优秀勘察设计奖，二等奖

2019 年   湖南工业大学音乐学院教学楼，全国优秀勘察设计奖，二等奖

2019 年   湖南大学研究生院楼，全国优秀勘察设计奖，二等奖

2019 年   洋湖生态修复与保育工程项目一期 D 区景观工程，2019 年度教育部优秀工程勘察设计，一等奖

2017 年   常德柳叶湖管理委员会行政中心，全国优秀勘察设计奖，一等奖

2017 年   长沙国家生物基地影视会议中心，全国优秀勘察设计奖，二等奖

2017 年   常德市青少年活动中心、妇女儿童活动中心、科技展示中心，全国优秀勘察设计奖，二等奖

学术交流
LECTURES

2020/08/01 从类型到图式，中勘协筑匠名人堂，线上讲座

2019/11/21 设计教育理念国际研讨会，上海交通大学，上海，中国

2019/11/04 A Type from Tradition，ARCASIA FOUM DHAKA2019，孟加拉达卡

2019/10/26 地方图式，2019 当代中国建筑创作论坛，长安大学，西安，中国

2019/07/22 形而上之谜，中国电子工程设计院，北京，中国

2019/07/02 "类型到图式"，华南理工大学设计研究院，广州，中国

2019/07/01 "类型·分形·图式"，广东省建筑设计研究院，广州，中国

2019/05/22 原形·图式，中国建筑学会年会（2019），苏州，中国

2018/10/14 地方之谜，WA| 阿那亚论坛：我的知觉空间，秦皇岛，中国

2018/09/14 图式语言，U7+Design 中青年建筑师设计论坛，浙江大学，中国

2018/06/08 地方图式，2017 年度全国优秀工程勘察设计行业奖学术交流会，合肥，中国

2017/06/17 "图式语言——Let's Talk"，香格纳画廊，上海，中国

2017/05/26 "图式再现"，有方建筑文化促进中心，深圳，中国

2017/04/15 "图式再现"，深圳原创建筑论坛，深圳大学，中国

2017/03/27 "TYPES, FRACTAL, CONTEXT"，路易斯安那州立大学，美国

2017/03/17 "TYPES, FRACTAL, CONTEXT"，弗吉尼亚大学，美国

2016/10/15 "语义建筑"，2016 当代中国建筑创作论坛，烟台大学，中国

2016/09/28 "语义建筑"，铭传大学，台湾，中国

2016/06/26 "Types Fractal"，卢布尔雅那大学，斯洛文尼亚

2015/12/20 "类型·分形，第四届海峡两岸建筑院校交楼工作坊主题演讲，华南理工大学，广州，中国

2015/09/16 "Types Fractal"，新西兰奥克兰大学，新西兰

2015/09/03 "Types Fractal"，千叶大学，千叶市，日本

2015/05/31 "语义建筑"，东南大学建筑学院"东南学人"学术讲座，东南大学，南京，中国

2015/04/04 "地域逻辑"，地区建筑学术研讨会学术讲座，清华大学，北京，中国

2015/12/03 "类型·分形"，2014 海峡两岸建筑院校学术交流工作坊学术讲座，淡江大学，台湾，中国

2014/11/01 "类型·分形"，中国新型城镇化发展论坛学术讲座，同济大学，上海，中国

谢子龙影像艺术馆实景图

谢子龙影像艺术馆
Xie Zilong Photography Museum

项目地点：湖南 长沙
主创建筑师：魏春雨、张光
设计团队：沈昕、刘海力、陈赟、文跃茗、佟琛、陈荣融
湖南大学设计研究院有限公司设备所（结构机电）
李曦、李静波（室内设计）
熊劲彬（景观设计）

隐喻的图式

在顺应建筑"自治性"的价值认知体系基础上，通过对地域类型学的持续研究与实践，探求建筑本体中的"原型"，并发现其背后的"心理图式"，加之受契里柯形而上绘画的影响，我们在当下追求浮华、表象化的社会图景下，试图寻找到形式语言背后的内在逻辑——"类型原型—深层结构—心理图式"，并将其融入"谢子龙影像艺术馆"设计中。

契里柯形而上的绘画是对永恒的思考，画面透过"光与影"弥散出一种神秘旷奥、安静深远的静寂感，影像馆借助日常生活中熟悉的物来隐喻和建构一个时间停滞的迷宫，引导观者密切关注疏离化之后的陌生感。直指天空的巨大的锥塔，悬于半空的被截断的街道以及不知通向何处的岔路洞口，循环往复、穿插对望的神秘坡道……部分元素以相似但异化的形式多次出现，它们共同制造充满着时间停滞感的奇异感受，让人迷失。白色温润的清水混凝土墙面使建筑的空间结构呈现出最本质的中性状态，凸显着质料的神秘，空间的纵深通过光影逐渐呈现出来，与记忆交织在一起。迷宫是一个多义的隐喻，既指迷失的地方，又指让人着迷、沉醉其中的处所。

谢子龙影像馆立面

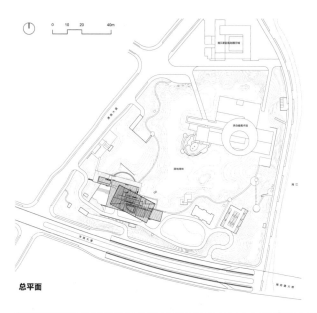

总平面

鸟瞰图

谢子龙影像艺术馆建在湘江河畔，位于长沙洋湖湿地公园之内。所在基地恰好处于湿地公园连接湘江风光带的视觉廊道上，是政府重点打造的市民文化艺术高地。该馆同我们之前已经完成的湘江新区规划展示馆、李自健美术馆共同构成了洋湖市民的文化客厅。与政府投资的公共文化建筑不同，影像艺术馆由谢子龙先生个人出资，并且永久免费对公众开放，他希望还中国影像一个殿堂级的博物馆，因此其拥有着更强的运营主导性、灵活性及公众参与性，该模式本身即是一种新的尝试。

入口廊桥

谢子龙影像馆室内

湖南大学天马新校区侧立面

湖南大学天马新校区建筑群
The New Campus Architecture of Hunan University in Tianma

项目地点：湖南 长沙
主创建筑师：魏春雨
研究生院设计团队
李煦、伍帅、刘海力、陈天意、覃丽伊、卢晶、刘镜淇、付超云、王记成
理工楼设计团队
宋明星、李煦、张光、沈昕、欧阳素淑、李雅侠、熊丹丹、张文雅
游泳馆设计团队
黄斌、顾紫薇、彭军、吕昌、周瑞、蒋康宁
湖南大学设计研究院有限公司设备所（结构机电）
熊劲彬（景观设计）

场地的语义

这是一次追求特殊场所语义的"群构"尝试，是一次挣脱功能限制、转向内在结构梳理的尝试。设计寻求类型学的语义逻辑，通过基本单元衍生叠加的设计操作，刻画出某种对外屏蔽与隔离的形象。设计也刻意强调基地西侧商业街与教学场所语义的反差，同时隐喻和物化了德·契里柯的"精灵式"形而上视角的画面，以此塑造出某种相对静止、神秘永恒的场所精神，以抗衡当下拼贴的、流动的、快餐式的社会图景与文化。

每天，在某些时间点，人们总是能看到这样的景象：外部穿梭交织的人流被沉静的建筑收纳，消散不见，此时建筑如同一张滤网，滤掉了内心的躁动，还原了一个澄明的世界，而这就是设计追求的场所语义。

湖南大学天马新校区

入口台阶

露台外景

1. 理工科教学楼 A 栋
2. 理工科教学楼 B 栋
3. 理工科教学楼 C 栋
4. 综合教学楼

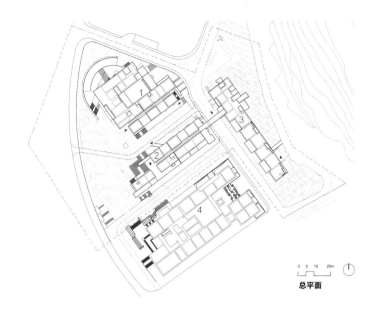

0 5 10 20m

总平面

模型推导：改变以功能板块组合的惯常模式，而以类型单元为基础，研究其空间内在的结构关联，形成包含了城市空间、教学组团、单元空间、交通步道体系、视域廊道的群构整合，从而使功能关系组合转为结构关系建构，并以连续单元体强化线性空间特质，强化出契里柯式的"深景透视"的效果，以达到加大景深层次的效果。

湖南大学天马新校区模型

13

中国书院博物馆侧立面

中国书院博物馆
China Academy Museum

项目地点：湖南 长沙
主创建筑师：魏春雨、齐靖
设计团队：王雨前、马迪、凌钰翔、梁宝燕、胡晓军
湖南大学设计研究院有限公司（结构机电）
钟鸣（幕墙钢构）

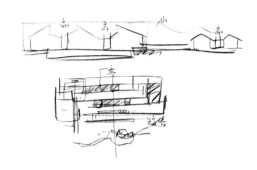

斋的空间

岳麓书院作为中国官办教育建筑的最早"原型"之一，历经千年，是唯一沿用至今的"活的书院"。中国书院博物馆作为岳麓书院的一部分，秉承书院建筑"藏之名山，纳于大麓"的设计哲学，提取书院建筑中"斋"的空间形式意象，即通过"天井"组织空间序列及流线，既解决了通风、采光、排水等日常性问题，又将自然景观重新分割，以片断化的方式植入。

书院博物馆鸟瞰

书院博物馆侧立面

建筑与自然

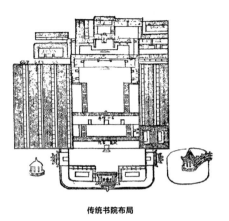

传统书院布局

八景

EIGHT SIGHTS

书院八景是岳麓书院景观的代表，八景并不算华丽，也没有太多的人工雕饰，但因其独特的文化含义和人文精神的渗透，了解它的来龙去脉，再观其景色，思其意趣，则自有它的妙处。

《善化县志》载
岳麓书院图 晚清

书院八景

晓烟低护柳塘宽，桃坞烘霞一色丹；
路绕桐荫芳别径，香生荷岸晚风传。
泉鸣涧井青山曲，鱼戏人从碧沼观。
小坐花墩斜月照，冬林翠绕竹千杆。

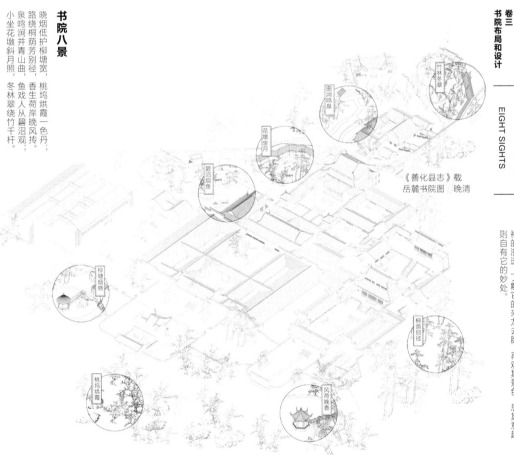

竹林冬翠
曲涧鸣泉
花墩坐月
碧沼观鱼
柳塘烟晓
桃坞烘霞
桐荫别径
风荷晚香

书院八景图 © 麓野工作室

田汉文化园中庭透视

田汉文化园
Tianhan Culture Park

项目地点：湖南 长沙

主创建筑师：魏春雨、黄斌

设计团队：吕昌、欧阳胜、王宇星、尤志川、顾紫薇、范鹏、董新蕊

李沁、郭文浩、李矗、刘桐、杨忞、王佳楠、尹帅

湖南大学设计研究院有限公司（结构机电）

李曦、李静波（室内设计）

钟鸣（幕墙钢构）

熊劲彬（景观设计）

仪式与日常

设计思路始终贯穿了"日常性"与"仪式性"二元关系的转换与平衡：日常性转换为仪式性，而仪式性又回归日常大地之中。将仪式性空间蝶变和衍生出一种更具地方性认同感的建筑语言，从而取代了文化类建筑浅表的符号化共性和正统崇高的纪念性语言，使其充满一种可以为之共鸣与感动的"人性"。

为体现抗争和不屈的"田汉风骨"，设计总体强调"水平性"和"抓地性"两个空间特征，探索传统建筑材料及其构件的重新组合的可能性。建筑以青砖、混凝土、水泥瓦、木材等传统材料建构，清灰绵长的体量横卧于田野之中，有力度的连续弧形墙面异化常态的建筑的立面构成，通长的折形和厚重的反弧拱形屋顶表达出原朴、苍劲之感，仿佛将建筑置于时间的长轴之上，呈现出纪念性建筑的岁月留痕与历史积淀。

田汉文化园

艺术陈列馆鸟瞰

田汉是我国现代戏剧艺术的开拓者和主要奠基人、国歌的词作者、中国近现代的文化巨匠。

在长沙县城东边的果园镇附近，山岭的起伏中有一片方圆数里的"平阳之地"，属典型的湘中地区山水田园类型，也是田汉出生成长的地方。田汉文化园选址于此，周边水田环绕、阡陌交通，田汉先生曾自诩"田中的汉子"，文化园恰好契合了此意象。文化园的规划设计以田汉故居为依托，从地方传统聚落丰富的空间特征和现代戏剧文本的叙事逻辑入手，挖掘其内在空间结构，试图在类型学的基础上塑造一种新的场所关系，艺术陈列馆、艺术学院、游客接待服务中心、老戏台、国歌广场、田汉铜像以及戏曲艺术街等各具内涵的功能体相互关联同构，建构出具有在地属性的当代新型聚落。

艺术陈列馆入口广场

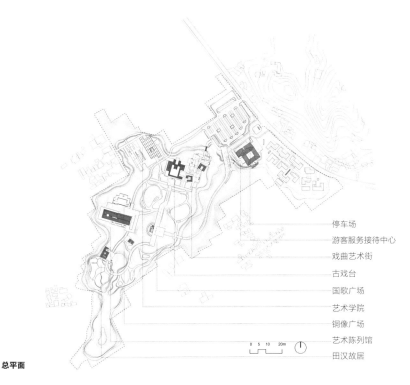

停车场
游客服务接待中心
戏曲艺术街
古戏台
国歌广场
艺术学院
铜像广场
艺术陈列馆
田汉故居

0 5 10 20m

总平面

艺术学院东南角立面

李自健美术馆水景

李自健美术馆
Li Zijian Art Museum

项目地点：湖南 长沙
主创建筑师：魏春雨、刘海力
设计团队：尤志川、罗学农、吕昌、彭军、杨丽
张光、沈昕、周宇、慕诗雯、药志伟
李曦、李静波（室内设计）
舒兴平（钢结构）

原型与图式

设计以一条水平向的廊道贯穿湘江与洋湖湿地，以错动、偏心的圆环限定出空间的垂直向度，将自然天色导入空间通廊。两轴交汇于顶置的圆环之下，形成"共时性"的场所空间。这是一次"曼荼罗"式的原型生成，再现了隐藏于形式背后的心理图式。建筑在回应场地、环境、城市空间廊道的基础上，对整个场地中物景、意境、情景进行融合式的建构，结合"在场"的空间体验，赋予美术馆更多的永恒与静态的空间意义。

李自健美术馆

顶层工作室鸟瞰

李自健美术馆鸟瞰

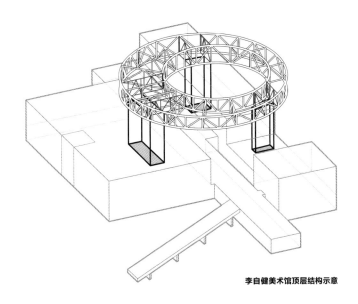

李自健美术馆顶层结构示意

在建筑充分回应场地地形、自然环境、城市空间的基础上，设计尝试通过对整个场地中物景、意境、情景的分析与解读，剥离形式主义的外壳，消解物质性建构的干扰，回避一般的造型语汇，以某种精灵式的视角，透过最基本的几何原型，再现隐藏在形式背后的心理图式，结合"在场"的空间体验，赋予美术馆某种场所的语义。

李自健美术馆临水立面

柳叶湖旅游度假区行政中心鸟瞰

常德柳叶湖旅游度假区行政中心
Administration Center of Liuye Lake

项目地点：湖南 常德
主创建筑师：魏春雨
设计团队：齐靖、罗学农、郦世平、肖罗、匡腾、孙瑾、刘海力
龚其贤、许昊皓、伍帅、朱建华、周宏扬、刘剑、张宁

悬浮的"服务容器"

建筑保留原来湿地地景，颠覆传统行政楼的呆板与固有形式，采取风雨桥的现代转译。建筑与大地轻轻地触碰，中间的"天井空间"与地面水景互为图底，构成场地内的仪式性主导空间，重新定义了建筑与场地的关系，延续和再生了城市空间界面和景观，塑造了开放而又有亲和力的政府公共服务新形象。

行政中心侧立面

行政中心立面

行政中心庭院

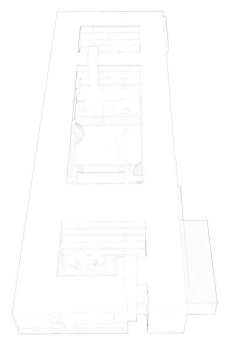

行政中心庭院示意

行政中心屋顶鸟瞰

湖南大学研究生院楼入口

湖南大学研究生院楼
Graduate School of Hunan University

项目地点：湖南 长沙
主创建筑师：魏春雨
设计团队：李煦、宋明星、伍帅、肖倩、刘海力、严湘琦、罗学农
邓铁军、刘大为、朱建华、郦世平、郑少平、彭成生、黄文胜

场地的语义

这是一次追求特殊场所语义的"群构"尝试，是一次挣脱功能限制，转向内在结构梳理的尝试。设计寻求类型学的语义逻辑，通过基本单元衍生叠加的设计操作，刻画出某种对外屏蔽与隔离的形象。设计也刻意强调基地西侧商业街与教学场所语义的反差，同时隐喻和物化了德·契里柯的"精灵式"形而上视角的画面，以此塑造出某种相对静止、神秘永恒的场所精神，以抗衡当下拼贴的、流动的、快餐式的社会图景与文化。

每天，在某些时间点，人们总是能看到这样的景象：外部穿梭交织的人流被沉静的建筑收纳，消散不见，此时建筑如同一张滤网，滤掉了内心的躁动，还原了一个澄明的世界，而这就是设计追求的场所语义。

湖南大学研究生院楼侧立面

研究生院楼露台

研究生院楼入口

研究生院楼室内

湖南工业大学音乐学院大楼实景图

湖南工业大学音乐学院大楼
Conservatory of Music，Hunan University of Technology

项目地点：湖南 株洲
主创建筑师：魏春雨
设计团队：齐靖、张光、费双、唐国安、郦世平、罗诚、罗杰、郑少平

适应与转换

随着高校不断扩招，校区建设，特别是新校区建设得到了快速发展，校园规划和建筑设计逐渐显露出一系列问题，例如建筑与环境的不融合，建筑形式与风格的趋同化等。

以湖南工业大学音乐学院大楼实践为例，以地形学和拓扑学理论为视角，从建筑形态、空间界面和材料语言三个方面对本建筑的设计理念进行阐述，为当代教学建筑创作提供新思路。

湖南工业大学音乐学院大楼侧立面

音乐学院大楼东南角

音乐学院大楼入口

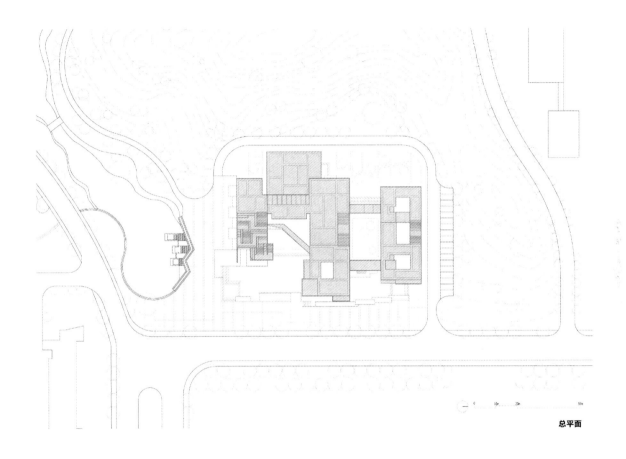

总平面

音乐的本原是人类抒发情感的最原始手段，为了增加表现力度，人们还在声乐中加入舞蹈，人类对美的执着追求引导着这一形式不断发展，使之形成一种对自然的诠释。作为音乐活动载体的音乐建筑，应该力求反映出音乐的象征性、隐喻性和唯美主义倾向，并与自然有机结合。

基地三面环绕的丘陵地形为大自然多年的"形构"，营造了一种特殊的地形景观和区域气候特质，基地的起伏跌宕与标高差异变化为设计提供了自然形态之伏笔。

建筑与地面的关系采用了"台地"的意象，1.8m 高的基座将建筑支起，在自身限定的场域中，设定了大量舒缓的台阶和坡道，踏步在逐级上升的过程中形成了教学区与办公区共享的入口平台，是两个区域围合而成的面向东面开放的庭院空间的延伸和扩展，基座饰面材料选择与建筑一致，突出了建筑弱化自身并融入场地、"建筑从大地里生长出来"的意象。

科技文化展示中心及国家实验室大楼中庭

科技文化展示中心及国家实验室大楼
Exhibition Center of CRRC Zhuzhou Locomotive CO.,LTD

项目地点：湖南 株洲
主创建筑师：魏春雨
设计团队：齐靖、罗学农、陈荣融、季士超、郦世平
舒兴平、黄频、周宏扬、康伟、张宁、钟鸣

复合界面

形体整合

景观系统

建筑爆炸图

方圆有致与微地景观

总体建筑形态取意于"天圆地方"，以此来隐喻天、地、人的关系：天圆地方、德配天地。科技文化展示中心采用椭圆形碗状形态，与实验室大楼的方正体量互为协调和对比，体现"天圆地方"的设计思想。

设计采用多种景观元素，通过主次广场、台阶坡地、水体和绿地的设置，构建一个无缝对接的微地形系统，入口区域广场以其开放性的表达形成自由多样的空间场所。建筑东侧的微地形绿地与广场、交通、公共绿地等公共活动空间，把内外空间和内外活动联系起来，并将城市街道空间以及建筑外部空间转换，构成一个整体的城市空间系统。

科技文化展示中心及国家实验室大楼

中南大学科技产业园入口

中南大学科技产业园
Science Park of Central South University

项目地点：湖南 长沙
主创建筑师：魏春雨
设计团队：钟力力、李毅飞

总平面

建筑模型

创谷·创坊·合院

结合中南大学的科研学术背景、产业基础、岳麓区大学城科研优势以及岳麓山风景名胜区的自然资源优势，塑造一个政、产、学、研、金一体化的科技产业区。

在延续上位规划的基础上，对接城市与中南大学老校区，优化区域交通，将建筑、场地与周边环境在时空上有机地联系为一体，建设成为中国南部高校科技成果转化转移中心、中南大学科技与教育资源应用基地，并提升周边土地价值。

中南大学科技产业园中庭

长沙国家生物基地影视会议中心鸟瞰

长沙国家生物基地影视会议中心
Video and Conference Center in CBIP Changsha

项目地点：湖南 浏阳

主创建筑师：魏春雨

设计团队：黄斌、刘海力、顾紫薇、唐国安、郦世平

朱建华、黄文胜、黄征、郑少平、方厚辉

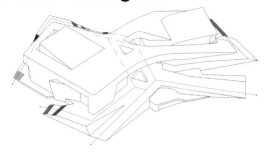

入口空间

地景拓扑 空间融合

设计试图针对园区产业特征，从生物学的角度抽取自然界中 DNA 双螺旋结构的拓扑形态，通过叠合、消解以及柔化空间的操作方法，使建筑呈现一种自然延续的生长状态，将空间和功能两者柔性结合，以此隐喻生物产业的本质内涵。同时，设计关注建筑与基地地形的契合，并以地景化的方式重构，最终使建筑作为地景的一部分成为环境的延伸，形成一个复合的有机生命体。

建筑鸟瞰

入口空间

常德市青少年活动中心、妇女儿童活动中心、科技展示中心
Youth Activity Center, Women and Children Activity Center and Technology Center in Changde

项目地点：湖南 常德
主创建筑师：魏春雨
设计团队：黄斌、唐国安、严湘琦、刘海力、郦世平、郑少平
朱建华、黄文胜、方厚辉、罗敏、姜力、周瑞、于永强、张震
朱建华（结构设计）

空间与形的解析与重构

常德三中心（包括科技展示中心、青少年活动中心、妇女儿童活动中心）位于湖南省常德市白马湖湿地公园内，当地政府意图以常德三中心与三馆为城市活力支点，将常德打造成湘西北最具活力的区域性中心城市，承接大湘西旅游与开发的交通枢纽作用。该项目的关键是将建筑本体功能及城市属性的多种职能叠加融合，创造出富有活力的公共活动空间。

建筑入口空间

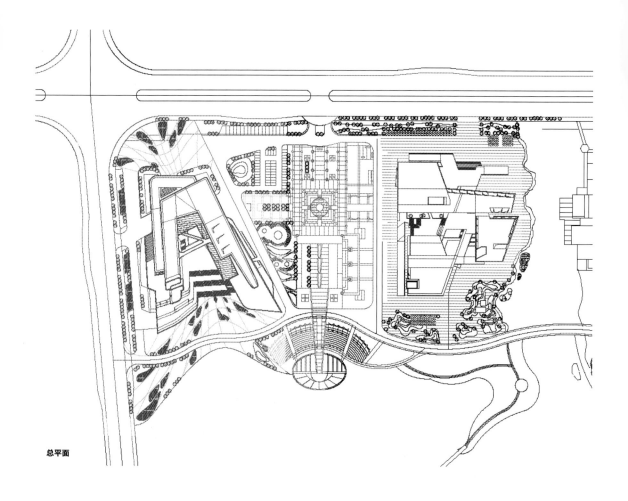

总平面

建筑鸟瞰

建筑侧立面

北立面   西立面   南立面   东立面

建筑侧立面

洋湖片区鸟瞰

洋湖生态修复与保育工程项目一期 D 区景观工程
Landscape Engineering of Phase I (D Area) of Yanghu Ecological Restoration and Conservation Project

项目地点：湖南 长沙

主创建筑师：魏春雨、张光

设计团队：严湘琦、罗学农、沈昕、文跃茗、郭健、黄频

舒兴平、孙义、刘阜安、郑少平、熊劲彬、肖泽晴、刘剑

江岸湿地 生态廊道

洋湖生态修复与保育工程项目一期 D 区景观工程位于湖南省长沙市湘江新区洋湖片区。北部为湘江新区规划展示中心，中部为李自健美术馆，南部为谢子龙影像艺术馆。洋湖生态修复与保育工程一期工程区域 D 区环境、建筑及景观总体定位于塑造一条公共开放的"生态过渡带"，连接湘江与洋湖湿地，并构架城市区域的生态景观结构。基地内景观设计以"开放性"与"生态性"为原则，采取自然仿生的手法，尊重原有地形肌理，整合细化局部场地。原生态、自然性的景观环境与几何形体的建筑形成对话、呼应的关系。公众游走于景观与建筑之间，感受生态环境的自然美，体味建筑的艺术气息。

洋湖片区鸟瞰

总平面

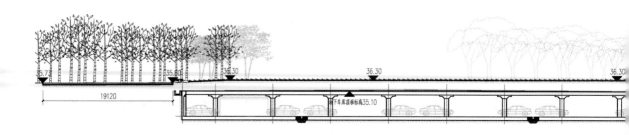

下车库顶板标高35.10

19120

剖面图

李自健美术馆鸟瞰

洋湖片区鸟瞰

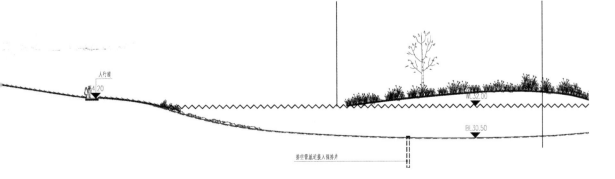

湾头桥乡镇中心侧立面

湾头桥乡镇中心
Integrated Service Center of Wantouqiao Town

项目地点：湖南邵阳武冈市湾头桥镇
主创建筑师：魏春雨、刘尔希
设计团队：季世超、尤志川、范维昌、黎念诗
李曦、李静波（室内设计）
湖南大学设计研究院有限公司（结构机电）
湖南水立方建筑与景观设计有限公司（景观设计）
湖南力构建筑装饰有限公司（幕墙设计）

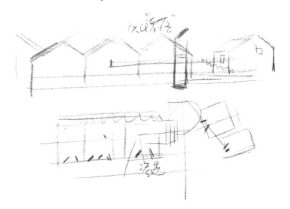

一站式服务的乡镇综合体

武冈是湘西南中心的一座古城，湾头桥镇是武冈市下辖乡镇。作为扶贫安置计划的配套工程，乡镇中心要改善农村赶集场所面貌，避免占道为市的混乱和安全卫生隐患，并计划为从远乡僻壤穷困地区迁徙至此定居的贫困户提供谋生场所。周期性集场是乡镇中心最主要的功能，它解决了农村商业设施匮乏的问题，也是农村文化活动的重要载体和共同记忆的承载空间。

建筑入口空间

岳麓科创港侧立面

岳麓科创港
Scientific and Innovative Center of Yuelu District

项目地点：湖南 长沙

主创建筑师：魏春雨

设计团队：李煦、蒋康宁、叶宇琦

钟鸣（结构设计、幕墙设计）

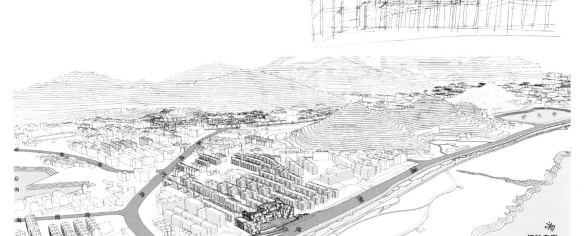

场地鸟瞰

自然生长 新陈代谢

建筑造型模拟岳麓山及湘江周边人类活动而自发形成的柔性的生长态势，有机地缝合了滨江和城市边角空间，打开封闭界面，形成与周边区域对话的关系，并通过多层界面营造，形成高低、虚实的视觉变化与空间体验，打造了一幅充满活力的、水景交融的抽象画卷。

建筑入口空间

55

如意社区文化服务中心中庭

水口镇如意社区文化服务中心及特色工坊
Ruyi Community Cultural Service Center and Characteristic Workshop of Shuikou Town

项目地点：湖南 长沙

主创建筑师：魏春雨

设计团队：欧阳胜、任榕、曹广、孟俊丞、朱赛男

陈行、谭茜、谢孜非、侯帅东、 朱建华、邓远

朱建华、邓远（结构设计）

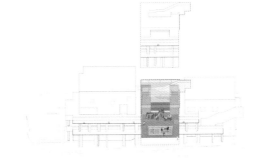

传统工艺 文化自信

传统工艺凝聚了老百姓的物质生活和精神生活两个层面，无论是地下文物还是活态传承，都蕴含着舍不掉的乡愁记忆。自然村落中的普通居民自建房虽然不是很古老，有一点不入流，不特别也不奇巧，它就是最普通的那一部分，但它是广泛存在的，它仍然有一种民间的精神气质在里面，它蕴含着一种乡愁记忆。水口镇如意社区文化服务中心及特色工坊两个项目在设计中，以当地自然村落中最普通的居民自建房为原型，不追寻奢华和雄伟，回归拙朴和本真。以低技建造策略为原则，依托当地建筑清水砖墙的建造传统和工艺，就地取材，在节约成本与工序的同时也让建筑与自然和谐共生，承接地气，历久弥新。

我们设想通过这两个项目的设计和建造让当地社区村民对其普通自建房所用的红砖产生新的认识，对当地的乡土文化流露出自信，实现从物质脱贫到精神脱贫的跨越。

建筑鸟瞰

有田设计
U-LAND DESIGN

有田设计团队合影

依托湖南大学深厚的研发实力和湖南大学设计研究院的实践平台，有田设计长期扎根中国城乡建设实践，是一支能有效应用国际一流设计方法、前沿设计理论和地方建设经验来解决本土设计问题的创新型团队。

团队服务范围覆盖城乡规划、城市设计、村镇建设、建筑设计、景观设计、室内设计、产品文宣，以及工程造价咨询、小型项目施工服务等领域，可以为城市更新、乡村振兴、文旅项目等提供全过程、创新型、系统化解决方案。

注重城乡建设知识体系及优秀案例的总结及传播，是"湘土乡建"自媒体运营的主要特点。

目前团队成员参与的项目已经获得 2021 年 UIA 国际建协瓦西里斯·斯古塔斯奖、2008 中国建筑学会建筑创作奖、2018WA 中国建筑奖社会公平奖入围项目、World Architecture Community (WA Award) 世界建筑社区奖、教育部直属高校精准扶贫精准脱贫十大典型项目、湖南十大最美建筑（2018）等奖项，以及"三湘巨变，四十年四十村"大美乡村的称号。

研究方向

空间自组织与建筑地域性

长期从事于城乡统筹规划、乡村旅游发展、村庄规划、历史城镇保护、中小型文教以及旅游项目的设计与建造。

学术奖励

UIA 国际建协瓦西里斯·斯古塔斯奖

中国建筑学会建筑创作优秀奖（最高奖）

WA 世界建筑奖社会公平奖提名奖

WAC 土耳其世界建筑社区第 29 届优秀建筑奖

工程实践

湖南省委省政府接待中心

洪江旧城区滨水肌理修复以及"水映洪江"景区设计

长沙白果园、化龙池历史地段空间肌理修复

广东恩平温泉度假小镇规划设计

隆回虎形山乡村振兴农旅示范项目

隆回虎形山民族团结学校

隆回花瑶崇木凼村厨卫更新

资北城乡统筹农旅示范项目

科研成果

主持国家自然科学基金项目"作为设计方法的湘西农村自建住宅自适应机制研究"（2015-2018）；

主持部省级"建筑学本科毕业设计流程优化及量化评价方法研究"（2014-2016），"湘西传统木结构村落材料体系更新途径研究"（2012-2013）、"农村住宅的快速、自发更新及其导控研究"（2011-2013）、"长沙市周边农村住宅的快速自发更新及其导控研究"（2012-2012）；

参与"传统村落空间格局和社会组织与传统建筑适应性保护及利用技术研究与示范"（"十二五"国家科技计划重大项目课题），"社区住宅空间组成、组群组合技术与社区建筑围护结构节能综合利用适用技术集成与示范"（"十二五"国家科技计划重大项目课题）等国家课题4项，部省级十余项。

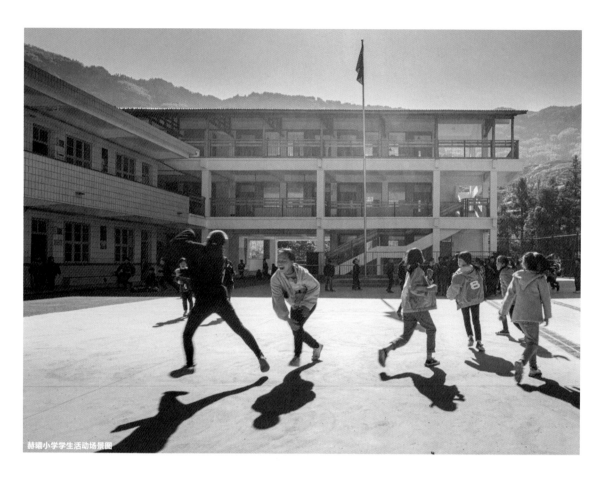

赫曦小学学生活动场景图

赫曦小学侧立面

虎形山瑶族乡白水洞赫曦小学
Sunrise Primary School in White-spring Village，Huxing mountain

项目地点：湖南 隆回
主创建筑师：卢健松
设计团队：罗敏、姜敏、苏妍、钟涛、袁雪洋、康旦、段煜钦、刘剑、欧阳韬

小学是村子里规模最大的公共建筑，是维系村民共同意识、提供现代公共服务（教育、文化、议事、体育）的重要场所。白水洞赫曦小学的改造及扩建，通过各类场所的规范完善，使其在崎岖的山地地形中得以满足各类现代课程的需要；教师生活空间提质、峡谷景观引入使校区独具特色，有助于从县城招揽来优质的现代师资；回归吊脚楼形式，充分利用半地下空间设置厨房餐厅，让中午不能回家的孩子可以享用洁净、温暖的午餐；基于乡村孩童行为特征分析而建造的室外家具及景观设施，使师生们可以感受现代设计周到贴心的人性化服务。地处"花瑶"特定的色彩语境，设计中克制的现代主义原色点缀使明丽的服饰特征转换为清新的建筑语言，地域解读意涵丰富。

赫曦小学鸟瞰图

实景图

建筑入口

使用场景

64

花瑶农户住宅的厨房更新
Kitchen Renewal of the Farmer's House in Huayao District

项目地点：湖南省隆回县虎形山瑶族乡崇木凼村
主创建筑师：卢健松
设计团队：徐峰、姜敏、苏妍、孙亚梅

地处闭塞的雪峰山脉深处，一直到 2000 年前后，花瑶民居才从"火塘"中演化出没有烟囱的灶台，并在房间中分离出独立的厨房。本团队基于对当地三类食材（谷物、蔬菜、肉类）采购、存储、烹饪、流转的研究，并针对厨房采光昏暗、通风不畅、流线混乱等情况，采用天窗采光、雨水收集、自然通风、挡烟垂壁等手段，解决了花瑶地区火塘向厨房演化过程中的系列问题，为花瑶村民们创造了地域性与现代性兼顾的新型厨房，改善影响乡村妇女健康的不利环境。在此基础上我们设计了共享的"火塘客厅"，为村民社区花瑶挑花、花瑶歌舞、聚会讲习、婚寿宴席以及为城市居民周末度假、娱乐休闲提供特定的场所，将民俗传承、日常生活、旅游经营统筹解决。

室外空间

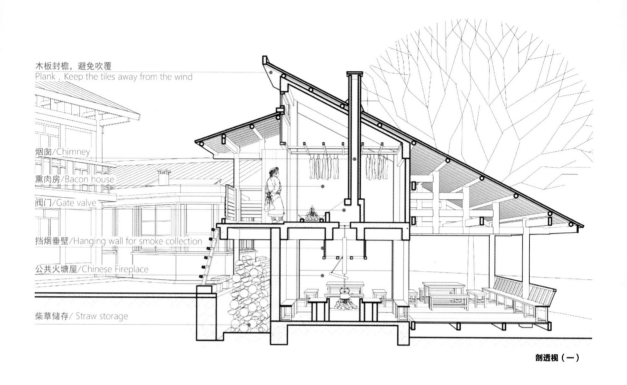

木板封檐，避免吹覆
Plank，Keep the tiles away from the wind

烟囱/Chimney

熏肉房/Bacon house

阀门/Gate valve

挡烟垂壁/Hanging wall for smoke collection

公共火塘屋/Chinese Fireplace

柴草储存/ Straw storage

剖透视（一）

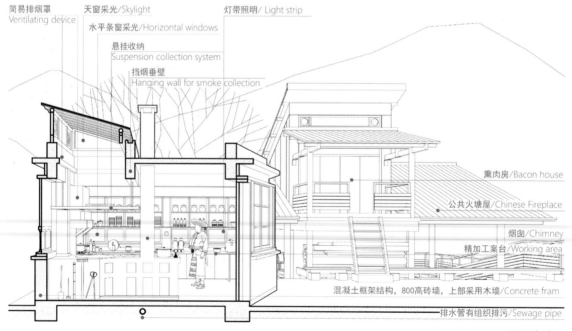

简易排烟罩
Ventilating device

天窗采光/Skylight

灯带照明/ Light strip

水平条窗采光/Horizontal windows

悬挂收纳
Suspension collection system

挡烟垂壁
Hanging wall for smoke collection

熏肉房/Bacon house

公共火塘屋/Chinese Fireplace

烟囱/Chimney

精加工案台/Working area

混凝土框架结构，800高砖墙，上部采用木墙/Concrete fram

排水管有组织排污/Sewage pipe

剖透视（二）

1.厨房 Kitchen
2.磨豆区 Grinder
3.卫生间 Bathroom
4.化粪池 Septic Tank
5.客厅 Living Room
6.堂屋 The Main Room
7.卧室 Bedroom
8.杂物间 Utility Room
9.楼梯间 Staircase

一层平面图
1st Floor Plan

1.腊肉熏制 Preserved Meat
2.厨房上空（后期可加建）Space Extension
3.阁楼 Penthouse
4.楼梯间 Staircase
5.露台餐吧（后期可加建）
Dining Terrace (Space Extension)
6.吧台 Bar

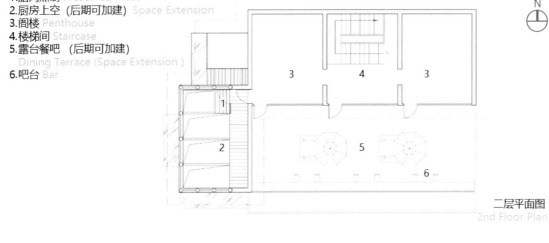

二层平面图
2nd Floor Plan

厨房实景

建筑侧立面

建筑入口

水池与建筑

建筑侧立面

紫薇村村部改造
Renewal of Ziwei Village Halls

项目地点：湖南省益阳市紫薇村
主创设计师：卢健松
设计团队：姜敏、曾毅超、冯再明、朱航桥

紫薇村在洞庭湖的南岸，位于益阳市资阳区长春镇西部，距离市区约 6km，是由原保安村与桃子塘村合并而成的一个新村，沅益公路从其东部穿过。紫薇村是洞庭湖畔浅丘地区的典型山村，农户自建的住宅三五成群，呈条状聚集在湖区平原的小丘陵地上，以传统农业、特色养殖与苗木种植业为主导产业。

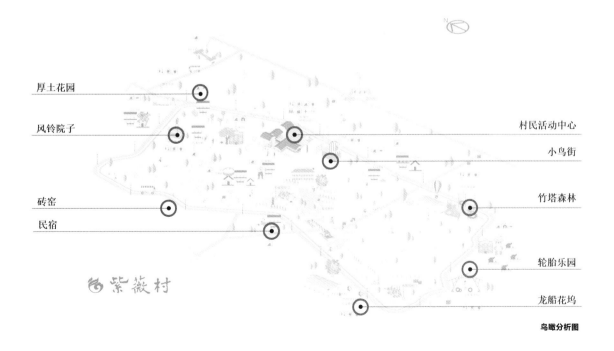

厚土花园
风铃院子
砖窑
民宿

村民活动中心
小鸟街
竹塔森林
轮胎乐园
龙船花坞

鸟瞰分析图

原筑设计工作室
ORIGINAL ARCHITECTURE DESIGN STUDIO

2021 年原筑设计工作室成员
摄影：许昊皓

湖南大学原筑设计工作室成立于湖南长沙。依托湖南大学建筑学院的学术背景和湖南大学设计研究院的实践平台，本工作室是一个以袁朝晖教授为核心主创，致力于探索地域建筑现代性研究及创作的团队。

注重乡村实践，从对自我及其环境的沉思开始，在建筑中去寻求与传统的地域建筑不可替代的温度。团队不断探索能融合地形、人文、功用等诸要素的方式，直至以一种结构化的方式令空间与形式显现。在十几年的设计实践过程中，面对复杂多元的设计线索，建筑的地域性和当代呈现是本团队持续的关注点。

主要研究领域

应变气候自适应及低能耗适宜生态技术集成研究、地域建筑现代性研究及创作、当代建筑实践与创作。

项目研究

2019 国家重点研发计划：田园综合体宜居村镇规划设计技术集成与示范 2019YFD1101301；
湖南省自然科学基金一般项目，湘中丘陵地区低能耗城镇住宅集成设计方法研究 2017JJ2035；
国家"十二五"农村领域国家科技计划课题，传统村落传统建筑风貌保护的研究 2014BAL06B01-001-002；
科技部国际合作项目，绿色建筑通风节能技术集成与应用示范 2014DFA72190；
国家"十二五"科技支撑计划重大项目子课题，社区住宅空间组成、组群组合技术与社区建筑围护结构节能综合利用适用技术集成与示范 2013BAJ10B14-004；
国家青年骨干教师项目，留〔2006〕3142 号，城市建筑可持续及再生设计研究（国家留学基金委员会）；
教育部科技创新扶持项目，财〔2009〕77 号、湖南城镇化建设低能耗建筑适宜技术集成方法研究。

工程设计

近年来完成了怀化学院易图境美术馆、湖南工业大学体育馆、湖南师范大学逸夫楼图书馆改扩建、中南大学校医院、湖南涉外经济学院音乐教学楼及其高层公寓等一批高校校园建筑；岳麓山国家级大学科技园孵化中心、湖南人民广播电台技术大楼、湖南省委重宾接待中心、龙山市民之家等一批有影响力的公共建筑；宁乡灰汤温泉国际旅游度假区控制性详细规划、溆浦县坪溪村旅游规划、新化蛙蛙谷养生度假区规划等规划项目；湖南烈士公园景观环境提质改造、汉寿龙珠湖公园等城市景观设计；以及湖南省小林子冲统计局家属区平改坡工程，湖南省交管局干警生活区加电梯提质改造工程，湖南省委蓉园家属区提质改造工程，汉寿县城中村改造，湖南师范大学设计学院师资培训楼改扩建，湖南大学化工实验室、汽车碰撞实验室、通风实验室等改扩建工程。

成果奖励

"自治"与"他治"——乡建"建筑师"对地域表达的差异认知，获 2019 中国建筑学会学术年会优秀论文；

湖南涉外经济学院音乐教学楼，湖南省勘察设计协会，湖南省 2017 年度优秀工程设计奖二等奖（排名第 1）；

中国勘察设计协会，2019 年度工程勘察设计优秀公共建筑设计三等奖（排名第 1）；

人才培养新质量观的教学与实践——开放式精英型建筑学创新人才培养八年探索，湖南省教育厅，湖南省 2016 高等教育省级教学成果奖二等奖（排名第 1）。

国际合作

2010/8~2011/1 主持与德国卡尔斯鲁厄大学 Walter Nageli 教授开展国际联合设计，主题：火车南站的更新改造设计；

2015/7/1~7/15 主持 2015 暑期香港与内地建筑院校学生联合考察设计工作营，主题：古陶村栖居—湖南省铜官镇村落考察及其自适应演化引导；

2016/6/24~7/10 参加斯洛文尼亚卢布尔雅那建筑学院 Jurij Sadar 教授共同举办的国际联合教学工作营，主题：城市再生；

2018/6~8 组织与新西兰奥克兰大学 Manfredo Manfredini 教授开展"朝韩边境公共空间"设计工作营。

湖南涉外经济学院音乐教学楼一角

湖南涉外经济学院音乐教学楼
Music Building of Hunan International Economics University

项目地点：湖南 长沙
主创建筑师：袁朝晖
设计团队：罗学农、唐国安、郭健、王维兰、蓝成琦、袁玉梅、邹量行、吴志勇

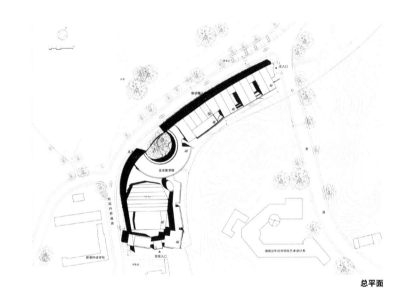

总平面

结构的韵律

建设方湖南涉外经济学院希望以全国一流高校为榜样，建设体现学科专业特色、具有丰富文化内涵的现代高校建筑群，建设体现人与自然和谐共处风格的新型生态花园式校园。考虑到音乐学院大楼建筑功能的特殊性，其选址应相对独立和安静，应适当远离其他教学楼和院系楼。基地海拔高度为54.18~60.05m，相对高差约5.87m，该地区四季分明，气候宜人。建设场地原始地貌为平缓坡地，为一狭长带状地块，夹在校园中心绿化景观带与保护山体之间。

教学楼基地弧形转弯处有一小山包，上有多棵大树。建筑群由学院办公区、教学区和琴房实践区、音乐演出区组成，如何让建筑和环境形成连续的异质转换，达到个体特性和整体特性共生，将成为设计的关键。设计关注建筑原型与基地地形的契合，并以地景化的方式重构，最终使建筑作为地景的一部分成为校园整体环境的延伸，形成一个整体的有机生命体。

地景 · 场所——在地形构

基地环绕的丘陵地形为校园自然多年的"形构"，营造了一种特殊的地形景观和区域气候特质，基地的起伏跌宕与标高差异变化为设计提供了自然形态之伏笔。音乐大楼设计灵感源自山丘表面肌理，延续自然之起伏形态，建筑平面顺应地形形状展开分段布置：南段用地较大，将大空间音乐厅与琴房结合成一组团，集中于南段布置；中段为小山包与大树，予以保留，作为场所标识，环以圆环体块，利用入口门厅及办公、展示空间作为一个圆形连接体块，衔接北段教学区；教学区依据功能空间需求不同进而分成两大教学单元，普通专业教学单元和特殊尺度要求的形体练功房大空间教学单元。每个体块间采用竖向楼梯交通体进行组合，满足内部交通的便捷联系。

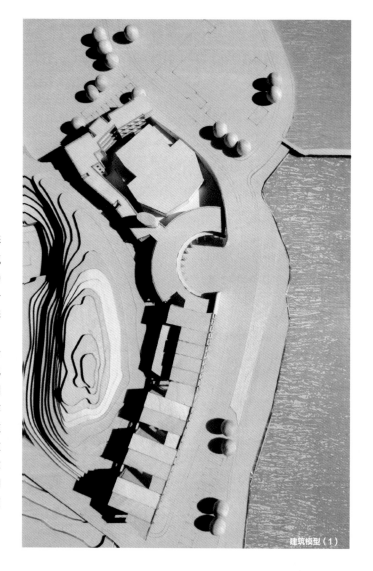

建筑模型（1）

建筑模型（2）

建筑侧立面

建筑实景

界面 · 形态——拓扑转译

界面作为空间构成的基本要素与语义,直接影响建筑空间形态,设计通过建筑界面在垂直和水平两个维度上的拓扑转换,音乐教学楼建筑主体造型采用琴键作为音乐元素,配合动作舞蹈等形体语言,将建筑塑造成律动的效果,体现建筑自身的独特个性,将传统教学建筑中界限明确的顶立面、侧立面和地面融合在一起,彼此之间不再是没有关系或生硬地拼贴。结合场地形状,采用圆、方、曲面的组合进行建筑形态塑造,建筑主立面强调水平方向线条,平缓舒展,尺度近人,在细部上采取挂板分隔墙面,强化琴键效果,具有建筑的纯净性与可识别性,这种连续性、流动性的外部形态也体现了音乐的律动感和节奏感。

湖南人民广播电台技术大楼沿街面

湖南人民广播电台技术大楼
Technology Building of Hunan People's Radio Station

项目地点：湖南 长沙

主创建筑师：袁朝晖

设计团队：唐国安 、郭健、叶蔚冬、谢续其、袁玉梅、卢继龙

邹量行、吴志勇、翟健、郑少平、刘小湘、伍梦思

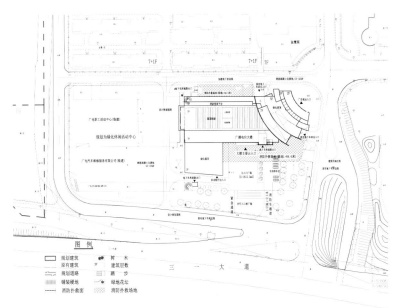

总平面

与城市对话

长方形体与弧形体结合顺应场地与既有建筑，建筑布局结合原有地下车库的柱网关系和建设方使用功能的要求，以及城市规划要求，在满足南向城市主干道绿线的退让要求以及北向多层住宅的日照间距之下，建筑主体采用集中式布局，特殊空间多功能厅采用附建裙房的形式；总体布局中特别考虑地下车库出入口位置对建筑整体环境的影响，建筑东侧平面形式顺应车道弧形设计，将车道隐藏在建筑中，并采用退台形式，与已建金鹰阁形成人体尺度的外部空间环境；在建筑南向留有 45m 进深的开阔的绿化广场，形成与城市主干道的空间对接。

建筑基地北面为广电中心职工生活区，7+1 层宿舍，南面是城市绿带和城市主干道，东面是广电中心金鹰广场，与会展中心相对，而西面是建设用地，暂为临建。结合城市绿化带在基地南面设计了入口集散广场，建筑主体北面和东北面采用退台形成立体绿化景观空间，改善基地北向住区的视觉环境，创造优美宜人的环境景观和良好的视觉质量。

建筑材料语言

建筑造型采用简单的几何形体，结合既有建筑的形态，采用方圆的组合进行建筑形态塑造，建筑主立面强调水平方向线条，平缓舒展，尺度近人，在材料上以石材与玻璃幕墙为主，并与钢架相结合，具有建筑的纯净性与可识别性。三层以上逐层或隔层进行退台收分处理，形成建筑的立体绿化空间，建筑形体错落有致，简洁大方又具有现代感。建筑外立面主要采用干挂石材，轻钢龙骨 +2.5 厚灰麻花岗石板，以及氟碳树脂喷涂铝合金门窗配中空隔热玻璃幕墙，玻璃 6+9A+6；材料的表现与细部的处理可以强化建筑形态的塑造和丰富建筑界面的表情。建筑外围护体系的虚与实，严格遵循建筑形态的生成逻辑关系。

湖南人民广播电台技术大楼正立面

湖南师范大学图书馆入口广场

湖南师范大学逸夫图书馆改扩建工程
Rebuilding Projects of Yifu Library of Hunan Normal University

项目地点：湖南 长沙

主创建筑师：袁朝晖

设计团队：王维兰、李亚运、吴志勇、罗学农

郭健、朱建华、袁玉梅、邹量行、翟健

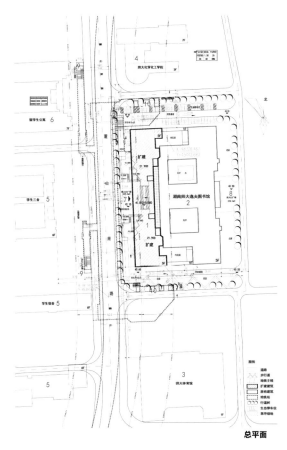

总平面

纳于大麓 藏之名山

湖南师范大学逸夫图书馆始建于 1991 年 11 月，由邵逸夫先生捐资、省政府及湖南师范大学配套投资兴建，面积约 17800m²。在 2004 年完成了一期扩建工程约 8200m²。随着办学规模的大幅度增长，图书馆的面积缺口加剧，与教育部普通高校办学条件指标、本科教学工作水平评估以及教育部有关办学场地面积的具体规定存在差距，在受到用地和资金的限制下，湖南师范大学决定在原址继续改扩建图书馆，提升办学条件。此次扩建工程中，完成建设 12000m² 的指标要求。

本基地位于湖南师范大学二里半校区内，南面为体育馆，北面为生物楼，西面为学生宿舍，东面为校区建筑。西面是城市道路麓山南路，东面、北面和南面是校区道路。基地地势基本平坦，与西向城市道路有 1.5m 高差。场地南北向约 182m，东西向约 110m。基地四周均有道路相连，图书馆主入口正对西侧校区及城市主要道路。在旧馆西侧尚有适当空地，适合采用毗邻式扩建的方式进行此次扩建设计。建筑西侧离道路进深为 38m，南北向可有较长的面宽，为狭长的方形用地。

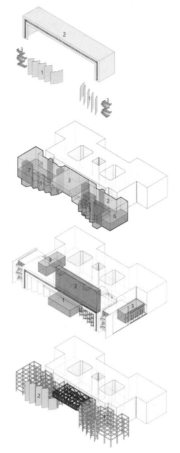

1. 弧形竖向遮阳构件
2. 直形横向遮阳构件
3. 异形遮阳构件
表皮体系

1. 留学生专门研习室
2. 开放式藏书阅览室
3. 大空间阅览区
4. 研究生信息与共享中心
5. 展厅
6. 报告厅
7. 交通空间
功能体系

1. 广场记忆空间
2. 中庭拔风空间
3. 边庭景观空间
空间体系

1. 框架空心楼盖结构
2. 剪力墙结构
3. 空间桁架结构
结构体系

建筑功能拆解图

环境共生——校园空间的延续

型：根据校园规划、环境特点以及场地的限制，经过多轮方案对比最终确定扩建新馆布局在原有图书馆的西侧，毗邻式建设。建筑采用一字形的体块贴邻于原有建筑的西侧，与原有建筑连为一体，形成传统建筑组群多向工整"Ⅲ"字对称的建筑原型。同时在建筑的尺度、高度和体量等方面均与原有建筑协调一致。满足岳麓山风景名胜区的总体高度管控要求。

湖南师范大学逸夫图书馆正立面

湖南师范大学逸夫图书馆前广场

场：设计时保留原有广场以及门楼，充分尊重原有地形，并在两侧设置门楼过渡空间与原有门楼相连，统一组织疏散人流，便于管理。使用原有入口空间作为主入口，既能保留原有行为路径与空间记忆，同时也形成了室内外的过渡空间与仪式空间。

井：新馆既要功能合理，又要兼顾老馆的功能使用与流线组织，尽可能减少对老馆采光、通风的影响，因此采用连接体的方式与老馆进行连接，同时留出竖向内天井拔风与采光，以供老馆和新馆内向空间的天然采光和自然通风。

收：新馆西面面临城市主要道路，且设计过程中有城市地铁四号线在破土建设。图书馆临街界面对校园与城市显得尤为重要，对校园需要有人文仪式感空间，对城市需要减少视觉压迫感。设计采用了退台"收"的方式增加空间与层次，我们将 1~3 层主入口位置预留出室外灰空间，四层将南北两个体块连通成整体，五层在四层的基础上外挑出去，既满足庄重仪式的"门"的形象，也起到遮阳的作用。

湖南师范大学逸夫图书馆鸟瞰图

空间重构——建立新的空间格局

藏与阅：图书馆作为学校重要的公共建筑，是反映整个学校的文化特色、提供学生学习交流的场所，同时也承担着作为学术科研重要载体的作用。设计需满足功能多样化、空间特色化、信息多元化的需求。解决既有书库、借还及阅览空间联系性不强、阅览空间少、库室分离、空间压抑等问题。

此次图书馆扩建的目的是满足更多的功能需求，在此次扩建中，不能局限于"以书库为中心"的藏、借、阅的简单功能分区，需要不断适应图书馆外部大环境的变化和读者的功能性需求，因此我们设计了尽可能多的大空间藏书阅览室，实现了阅览空间的最大化，四层和五层大空间面积达到 2000m² 以上，采用的是全开放的布局形式，集借、阅为一体，充分满足现代藏与阅空间的要求。同时针对原有图书馆功能单一的问题，我们新增了大报告厅、展厅、研究生与信息共享中心、留学生专门研习室等。

大与小：原有建筑的藏阅空间小，制约了图书馆的高效使用，本设计采用大空间结构体系，实现藏阅空间最大化，四、五层每层面积超过 2000m²，充分满足现代藏与阅开放式要求。通过交通结构体与原有图书馆采取点式连接，尽量减少对原有建筑结构的影响，将对老建筑结构的影响降到最低。建筑西面是原建筑的主入口，正对生活区，使用率较高，与建设场地矛盾，利用设计预留的仪式空间并通过支模方式留出安全通道，使教职工在施工期间能正常进出图书馆，将对老图书馆常态使用的影响降到最小。

建筑前广场

建筑西南角

建筑遮阳结构

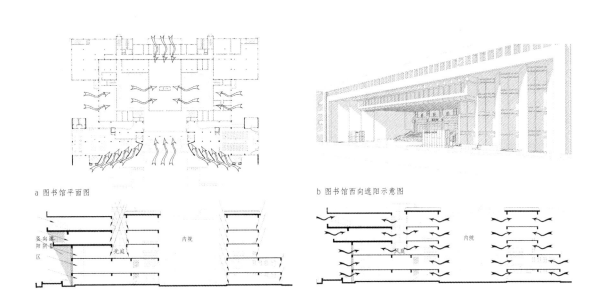

a 图书馆平面图

b 图书馆西向遮阳示意图

地域性建筑微气候设计方法【图片来源：建筑设计资料集（第三版），第91页】

合众创作设计研究中心
HEZHONG CREATIVE DESIGN RESEARCH INSTITUTE

合众创作设计研究中心合影

本团队是一个从事建筑设计、规划设计研究的综合性设计创新团队。团队注重设计实践与理论研究结合，不拘于传统，倡导工程技术与艺术创新，以高效率、高质量的设计赢得了社会各界的好评。本团队自成立以来，现有在职人员共计40余人，其中高级工程师 3 人，注册建筑师 2 人，注册规划师 1 人，注册消防工程师 1 人，中级工程师 14 人，行政管理人员 4 人。

其中，教育类建筑设计有：芙蓉学校中小学设计项目（约 50 所 / 省长工程 / 教育扶贫重点项目），思源学校中小学设计项目（约 70 所），湖南信息职业技术学院一期建设项目（长沙市重点工程 / 总建筑面积约 30 万 m^2），长沙幼儿师范高等专科学校建设项目（省重点工程 / 总建筑面积约 25 万 m^2），新晃县教育重点项目（省重点工程 / 总建筑面积约 18 万 m^2），荆州市北门中学迁建项目勘察设计（建筑面积约 8.9 万 m^2），荆州市荆州实验小学绿地校区，荆州市太晖小学迁建项目等 200 余个。

医疗类建筑设计有：益阳市第五人民医院，益阳优福老年康复中心，长沙县第二人民医院整体搬迁项目设计等 10 余个。

规划设计项目有：崀山夫夷江景区修建性详细规划，益阳市赫山区城乡统筹规划，宁远县 119 个社区 / 行政村地形图测量及村庄规划设计项目（第一标段），崀山景区石田村、崀笏街规划等 10 余个。

主要业绩

1. 主持"湖南传统村落保护与可持续发展规划方法研究"（湖南省自然科学基金 14JJ2044 ）；

2. 主持"现代材料与技术在湖南传统村镇保护与更新中的运用研究"（中央高校青年教师科技创新扶持项目 2011.1–2012.12 ）；

3. 撰写相关科研论文 10 篇（其中 CSSCI 论文 1 篇、EI 收录 1 篇），参编《湖南古建筑》《湖湘文库 湖湘建筑》《自己设计——建筑的意志》等著作；

4.《湖南省中学建设标准》《湖南省小学建设标准》；

5. 湖南省芙蓉学校，教育扶贫重点项目，省长工程，共建 101 所，主持完成 50 所；

6. 长沙幼儿师范高等专科学校，湖南省重点建设项目，总建筑面积 25.07 万 m²，为 8200 人规模大专院校，项目负责人；

7. 湖南信息职业技术学院新校区，长沙市重点建设项目，总建筑面积 30.64 万 m²，为 10000 人规模大专院校，项目负责人；

8. 荆州市北门中学，总建筑面积 89287.84m²；荆州市灵均中学，总建筑面积 34333.34m²；荆州市实验小学绿地校区，总建筑面积 26107.07m²；项目负责人；

9. 湖南省新晃侗族自治县恒雅中学（综合高中），总建筑面积 47215.70m²，项目负责人；

10. 湖南省新晃侗族自治县职业中等专业学校，总建筑面积 81680.90m²，项目负责人；

11. 益阳市第五人民医院医技楼、综合大楼、怡宁楼、康养楼、医疗业务用房项目，三级专科型综合性医院，总建筑面积 43926.04m²，项目负责人；

12. 长沙县第二人民医院整体搬迁项目，长沙县综合医院，总建筑面积约 72147m²，项目负责人；

13. 中国传统村落新宁县"西村坊古民居"文物保护单位保护工程方案编制负责人；

14. 世界自然遗产地、崀山国家级风景名胜区、国家级 AAAAA 风景区《夫夷江景区详细规划》编制负责人；

15. 崀山文化旅游产业园（一期），总建筑面积 27.53 万 m²，项目负责人；

16. 中国（广西）自贸区崇左片区—凭祥东盟农副产品专业市场扶贫产业园，总建筑面积约 11.46 万 m²，项目负责人；

17. 湖南省常德市中原·德景园综合型居住区项目，总建筑面积约 62.6 万 m²，项目负责人。

获奖情况

主持《湖南省芙蓉学校标准设计图集》教育扶贫重点项目、省长工程
荣获：2019 年湖南省优秀工程勘察设计优秀专项设计（建筑标准）一等奖

主持新晃侗族自治县芙蓉学校
荣获：2020 年湖南省优秀工程勘察设计一等奖

主持"新田县芙蓉学校建设工程全过程工程咨询"
荣获：2020 年湖南省优秀工程咨询成果一等奖

主持《益阳市赫山区城乡统筹发展规划》（2011 年—2020 年）
荣获：2019 年教育部优秀工程勘察设计规划设计三等奖

2020 年"谷雨杯"全国大学生可持续建筑设计竞赛二等奖作品《校际穿梭》指导老师
2020 年湖南省可持续建筑设计大赛一等奖作品《学游居苑——后浪时代开放式立体复合大学》指导老师
2020 年湖南省可持续建筑设计大赛二等奖作品《浮于事》指导老师
2020 年湖南省可持续建筑设计大赛二等奖作品《麓语·穿行——基于交流的未来体验式学习中心》指导老师

新晃侗族自治县芙蓉学校
Furong School in Xinhuang Dong Autonomous County

项目地点：湖南 怀化 新晃

主创建筑师：邱俊兰、彭智谋

设计团队：郭超、王博博、黄铁岩、曹浩、皇甫义晖、谢永贵、秦志峰、汤明

学校主入口

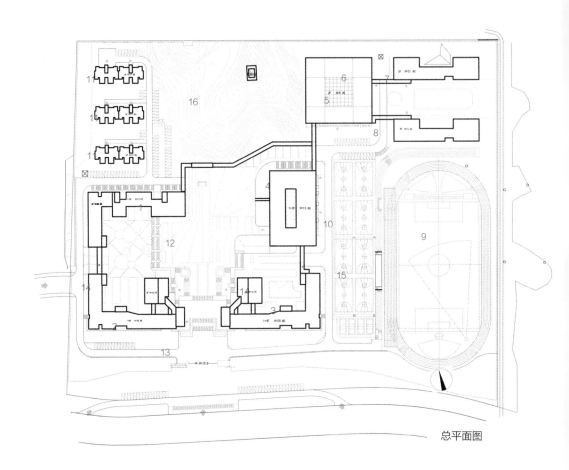

总平面图

1. 小学一部	5. 食堂	9．400m 田径场	13. 校园主入口广场
2. 小学二部	6. 后勤广场	10. 篮球场	14. 小庭院
3. 中学部	7. 女生宿舍	11. 教工宿舍	15. 看台
4. 风雨操场综合楼	8. 男生宿舍	12. 中央庭院	16. 保留山景

书院精神——传承与创新

从中国传统书院的布局与风格到现代校园的规划与设计

在历史的长河中，书院继承和发展了古代私学的传统，也吸取了宗教和官学的教学经验。书院中提倡读书与修养并重，教学与研究结合；书院以自学为主，辅以讲授、辅导、会讲、讲会等多种教学方式。设计借鉴古代书院的建筑空间特点，结合现代教育建筑特色，创建依山就势的绿色人文校园。

全省拟建 101 所芙蓉学校并制定《湖南省芙蓉学校标准设计图集》，新晃侗族自治县芙蓉学校作为最早建成开学的芙蓉学校，严格按照图集实施，为后续芙蓉学校的建设起了引领和示范作用。

2019 年 9 月全省芙蓉学校建设工作现场会在新晃县举办，许达哲省长莅临指导并考察新晃县芙蓉学校，省直有关部门、有关市州负责人、芙蓉学校建设项目县县长和校长等与会。

"寄心明月，随风夜郎"，神秘的夜郎古国，是侗族人心中永远的香格里拉，新晃素有五省通衢、黔滇孔道、水上丝绸之路的美誉。新晃侗族自治县芙蓉学校用地位于晃州镇晃州村、水洞村、大桥溪村（新晃县城北黄家垅），项目占地约 160 亩，总面积 53766.1m²，办学规模 60 个班。

一心两轴

在校园的布局中，采用"一心两轴"的模式。"一心"即中央庭院，"两轴"即南北向精神仪式轴和东西向活力启智轴。

中央庭院：有人文情怀的灵魂空间，在围合理念下形成的中央庭院。

精神仪式轴：有仪式感的精神轴线，从校园入口的前广场，到达中央庭院，再进入后勤生活区，沿着贯穿南北的中心轴线。

活力启智轴：充满活力和生活气息，启智轴将教学区、生活区、运动区串联在一起，这里将是学生们课余时间活动最频繁的区域。

教学楼与广场结合

教学楼与地形的处理

主入口鸟瞰图

围合式布局 分区合理

学校由教学区、生活区、运动区围合形成中央大庭院，各区独自拥有若干个小庭院，使校园成为一个连续互动、有趣共享的学习生活圈。

分区明确、动静分离；南侧退让形成校外缓冲区，集中设置校外停车场。校园主入口设置于基地的南侧，另设一辅道来解决学校人流、车流对南侧城市道路的影响。校园次入口设于南侧靠东面的位置。既方便车辆到达校内各处，又尽量避免校园中心区被车流穿越。

教学楼内庭院

底层架空的灰空间

学生们在走廊打扫卫生

西南角鸟瞰图——传统书院布局融入现代校园空间

广场透视图

教学区庭院透视图

芙蓉中学

芙蓉小学

湖南省芙蓉学校标准设计图集
Hunan Furong School Standard Design Atlas

项目地点：湖南省贫困地区市、州、县、乡镇
主创建筑师：彭智谋

《图集》背景
党的十九大报告指出：建设教育强国是中华民族伟大复兴的基础工程,必须把教育事业放在优先位置,加快教育现代化,办好人民满意的教育。2017年11月23日全省教育一体化改革会议上,许达哲省长提出必须通过推动城乡义务教育一体化发展,让贫困地区孩子平等接受更高质量的义务教育,真正发挥教育脱贫济困作用,阻隔贫困代际传递。为此,湖南省委、省政府拟建101所中小学学校项目,为突出育人特点和湖南地方特色,省政府将本批学校统一命名为"芙蓉学校"。"芙蓉学校"是湖南省教育扶贫重点项目,省长工程,是湖南省一项重要的民生工程。为做好落实省政府"统一标准、统一设计、统一风格"的要求,经方案竞选,省住建厅、省教育厅最终委托我院编制《湖南省芙蓉学校标准设计图集》(以下简称"《图集》"),先后征求设计专家、省直有关部门、项目县市教育(体)局、住建局和项目学校校长、教师、学生代表的意见,经过多轮修改完善,报请省政府进行审定,本《图集》编制完成。

《图集》设计理念
1.建设理念：设施先进,配套齐全；绿色生态,安全适用；
2.发展理念：立足当下,着眼未来；教育优先,社区共享；
3.规划布局：围合布局,分区明确；人车分流,步行优先；
4.建筑风格：传统风格,现代演绎；白墙黛瓦,诗意活泼；
5.活动空间：设施完善,场地开阔；廊道相连,风雨无阻；
6.景观绿化：一园三苑,清雅明志；环境优美,绿色生态；
7.人文关怀：儿童友好,公众参与；信息共建,智慧校园；
8.建设推广：模块组合,布局灵活；适用装配,利于推广。

《图集》标准设计方案效果

《图集》成果

根据标准设计方案编制标准图集，涵盖建筑、结构、给水排水、电气、暖通、智能化、景观等各个专业，基本达到初步设计深度，供芙蓉学校建设单位和设计企业遵照使用。《图集》编制按照《湖南省中小学校建设指南》有关规定，分别设计 36 班中小学校设计方案，并在此基础上编制标准设计图集。《图集》共分建筑景观、结构、设备三册，主要包含设计理念、技术图纸、实际案例应用三大板块。《图集》将在总体遵守国家现行规范和标准的基础上，在建设技术和指标中突出湖南省总体规划要求、建筑风貌特色、室内空间标准设计、模块化装配式设计等特点和需求，充分考虑湖南省的气候特点和地方差异，编制内容包括智能化校园、室外景观设计、绿色建筑等。

《图集》特点

1. 围合式布局、分区合理

由教学区、生活区、运动区围合形成中央大庭院，各区拥有独立的若干小庭院，使校园成为一个连续互动、有趣共享的学习生活圈。规划布局分区明确、动静分离；南侧退让形成校外缓冲区，集中设置校外停车场。运动区单独成区，节假日对外开放，避免闲置。学校设施包含体育馆、运动场、游泳池、各种专业教室、教师周转房。力争打造现代化学校标杆工程，让学生更加全面、更加系统地接受义务教育，绝不让贫苦地区的孩子输在教育的起跑线上。

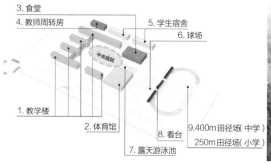

2. "一心两轴"

"一心"——中央庭院。充满人文情怀的校园空间。在这里既能感知四季更替，体会生命成长；又作为学校重要事件发生的场所，见证历史变迁，积淀文化内涵。

"两轴"——精神仪式轴、活力启智轴。南北走向是一条有仪式感的精神轴线。从校前广场进入，经过中央庭院到达后勤生活区。这种空间秩序的营造，源于中国传统的院落空间序列。东西走向是一条充满活力的轴线，它将教学区、生活区、运动区串联在一起，是学生们课余时间放松身心、尽情活动的地方。

3. 新中式建筑风格

传统元素，现代演绎。从传统书画中抽象出"线的动势"运用于建筑造型的设计中，立面主体采用沉稳、朴素的色调，局部搭配活泼跳跃的颜色。整体清新活泼，简洁大气，散发出新时代中小学蓬勃自信的气息，与时代精神"中国梦"相契合。

4. 模块化装配式设计

建筑单体模块化，功能单元灵活、节约，如同积木一样，形成多种组合方式，以适应不同地形要求。

5. 架空、廊道空间设计

教学区首层局部架空、楼栋间设置公共交通连廊，既遮风挡雨又为学生增加活动空间。紧靠连廊设置竖向主楼梯，便于课间瞬时大量人流疏散，保障学生安全。廊道墙壁上设计工具箱，既能装饰墙面，又可展示学生手工艺、课堂作品等，形成一道别致的风景。

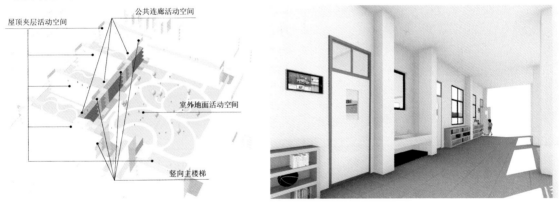

6. 统一 LOGO 设计

LOGO 图案抽象自湖南省省花——芙蓉花，上题"芙蓉学校"，寓意像芙蓉花一样开遍湖湘大地，把关怀送给贫困地区的孩子。

芙蓉学校分布图

省政府自 2017 年开始建设 43 所芙蓉学校，2019 在贫困地区乡镇新增加 58 所芙蓉学校，现规模已扩大至 101 所。

注：
红色芙蓉花为首批芙蓉学校
蓝色芙蓉花为新增芙蓉学校
"1"指代 1 所芙蓉学校
"2"指代 2 所芙蓉学校

湖南省芙蓉学校分布示意图——"芙蓉国里尽朝晖"

第一批芙蓉学校工程计划在 41 个贫困县共建设 43 所芙蓉学校，2020 年全部建成投入使用，计划总投资 55.8 亿元，新建校舍面积 129.3 万 m²，预计新增学位 8.8 万个。

第二批规划再建设 58 所乡镇芙蓉学校（其中新建项目 40 个，改扩建项目 18 个），计划总投资 32.17 亿元，在 2021 年全部建成投入，预计增加 5.6 万个学位。

第一批、第二批共计 101 所芙蓉学校，预计将为贫困地区增加约 3300 个班级和约 14.4 万个学位。芙蓉学校建设不仅能大力提高乡镇教育教学水平，更能促进城乡教育公平。

《图集》推广应用案例

项目名称：新晃侗族自治县芙蓉学校
项目地点：湖南 怀化 新晃

项目名称：官渡镇芙蓉学校
项目地点：湖南 浏阳 官渡

项目名称：桂东县芙蓉学校
项目地点：湖南 郴州 桂东

项目名称：茶陵县芙蓉学校
项目地点：湖南 株洲 茶陵

项目名称·永定区第一芙蓉学校
项目地点：湖南 张家界 永定区

项目名称：宜章县芙蓉学校
项目地点：湖南 郴州 宜章

图1

图2

图3

项目名称：安仁县芙蓉学校
项目地点：湖南 郴州 安仁

项目名称：新田县芙蓉学校
项目地点：湖南 永州 新田

项目名称：汝城县芙蓉学校
项目地点：湖南 郴州 汝城

陈飞虎艺术工作室
FLYING TIGER CHEN ART STUDIO

飞虎队部分成员

工作室研究涉及建筑、城市规划、景观、室内、艺术等理论与实践。团队在培养与管理过程中，将传统研究生培养模式与创新实践相结合，提出了"五种能力"的培养目标，"三个阶段"的培养方法，以及"设计是艺术，设计是生活，设计是责任"的培养理念，以此建立团队成员扎实的理论基础，培养其突出的创新实践能力、社会竞争力与综合的学术素养，以满足祖国建设对人才的需求。

工作室为培养具有优秀综合素养的创新人才，团队为成员树立了"五种能力"的培养目标，即口头表达能力、手头表达能力、文字表达能力、项目实践能力以及综合的人格魅力。好的口头表达能力能让团队成员在项目中更准确地表达设计理念，在研究中更清楚地传达学术讯息，在生活中更有效地沟通与交流；优秀的手头表达能力是建筑与环境专业学生的基本要求，它既能培养学生的实战能力，又能提升学生的艺术品格，还能快速地表现创作思路，传达创作构想；出色的文字表达能力是研究型人才必备的基本功，是学生内在学术逻辑与深邃思想体现的具体方式；突出的项目实践能力是学生优秀专业能力的综合体现，培养学生将所学的理论知识与实践相结合，从而提高学生解决实际问题的能力；综合的人格魅力既是口头表达能力、手头表达能力、文字表达能力、项目实践能力的综合体现，也是优秀的道德素养、诚信品质、奉献精神、集体意识的最高体现。

工作室一直坚持"设计是艺术，设计是生活，设计是责任"的设计观。优秀的设计离不开艺术的思维，它们共享美的法则，营造节奏与韵律、明暗与色彩、整体与细节、材料与肌理、空间与功能，以各种对立统一的法则来实现美的层次与高度；设计与生活紧密相连，是生活功能需求与审美需求的综合反映。生活需要设计，设计创造生活；设计是应社会的需要而产生，同时受社会的限制，也作用于社会。每个设计作品都反映着设计师的审美观、价值观与人生观，每个设计作品就是一种思想语言。因此，优秀的设计作品要求设计师要有较高的艺术修养，要有善于观察生活、发现生活与表达生活的能力。团队成员始终带着历史使命感与责任感去要求自己并审视他人。

为使每位成员获得"五种能力"，工作室为每一位成员制订了合理的学习计划，并定期安排相关研讨和交流，开展现场实践活动，组织学术会议和讲座。每周的例会共同交流项目，探讨学术主题，分享艺术作品成了团队成员最理想的聚会。此外，工作室还要求每位成员应该具有最低的工作量，那便是每天拥有一个项目、每周描绘三幅速写、每月进行一次发言、每年撰写一篇论文。这也是对学生项目实践能力、手头表达能力、口头表达能力、文字表达能力以及个人人格魅力的综合训练。除此之外，团队还综合考虑每一位成员的知识体系与专业结构，制定了每位成员个性化的培养方案，并让这一培养方案贯穿整个研究生学习阶段。在三年的实施计划中，研一以课程为主，兼顾项目；研二以项目为主，兼顾论文；研三以论文为主，兼顾毕业去向。

工作室经过长期的实施与检验，以上培养模式逐渐趋于成熟。教学与科研的成果很好地证明了"五种能力"的培养目标、"三个阶段"的培养方法以及"设计是艺术，设计是生活，设计是责任"的培养理念具有合理性、科学性与操作性。

奖项
AWARDS

2020/09　中国梅山文化园被评为湖南省文明旅游基地

2020/01　益阳市东部新区特色小镇项目被评为湖南省重点项目

2019/11　湖南邵阳桃林村旅游发展规划项目获由湖南省发展改革委员会颁布的湖南省重点项目奖

2019/10　在新中国成立 70 周年之际，梅山文化园建筑群艺术作品入选由文化和旅游部、中国文联联合举办的十三届全国美术作品展览，获第十三届全国美展湖南地区银奖

2019/08　中国梅山文化园被评为湖南省梅山文化展示平台

学术交流
LECTURES

2021/10　生态环境保护与乡村振兴，常德澧县科级干部培训班，湖南常德
2021/09　艺术修养与生活视野，湖南省未成年犯管教学习习近平总书记七一重要讲话精神专题培训班
2021/08　绘画创作的艺术构想，后湖国际艺术区，湖南长沙
2021/07　艺术修养与生活视野，湖南省税务系统兼职教师培训班
2021/05　从图腾崇拜到行为艺术，桂林航空学院，广西桂林
2020/11　生态环境保护与美丽乡村建设，山东省科技干部培训班，湖南长沙
2020/10　文化创意与产业发展，广西柳州市干部培训班，湖南长沙
2020/07　谈画家的艺术修养，湖南省文联三百工程人才培训班，湖南岳阳
2020/05　埃及宗教与埃及艺术，线上讲座
2020/04　20世纪以来中西艺术的交融与发展预测，线上讲座
2019/11　艺术与设计，汕头大学，广东汕头
2019/10　领导干部的艺术修养，闽清县党外干部综合素质能力提升培训班
2019/07　生态环境保护与美丽乡村建设，寿光市党外科级干部综合素质能力提升培训班
2019/07　新型城镇化的发展方向以及问题与对策，衢江区投资项目管理与特色小镇建设能力提升培训班
2019/07　特色小镇的规划建设与运营管理，衢江区投资项目管理与特色小镇建设能力提升培训班
2019/05　生态环境保护与美丽乡村建设，惠城区政协委员综合能力提升专题培训班
2019/05　领导干部的艺术修养，太原市工商联湖南学习考察
2019/05　生态环境保护与美丽乡村建设，靖边县人大代表和人大工作者综合素质提升培训班
2019/04　生态环境保护与美丽乡村建设，安徽省霍邱县乡镇人大干部履职能力提升培训班
2019/04　政协委员的艺术修养，浦北县政协委员履职能力提升培训班
2019/04　城乡建设者的艺术修养，铜仁市工程建设项目审批制度改革与施工图审查专题培训班
2018/12　领导干部的艺术修养，邓州市督查干部综合能力提升二期培训班
2018/07　生态环境保护与美丽乡村建设，隆林各族自治县2018年优秀副科级领导干部履职能力提升专题研修班
2017/11　建筑表现技法，昆明理工大学，云南昆明
2017/10　绘画与设计表现，广西民族大学，广西南宁
2017/06　生态环境保护与美丽乡村建设，益阳市委党校，湖南益阳
2016/11　国际视野与人才培养，湖南科技大学，湖南湘潭
2016/09　艺术修养与艺术实践，广西师范大学，广西桂林
2015/08　神秘的印度，长沙三亩地画会，湖南长沙
2015/05　艺术修养与生活视野，中北大学，山西太原
2014/10　梅山文化保护与梅山乡村建设，东华大学，上海
2014/03　从古典主义到行为艺术，长沙大学，湖南长沙

中国梅山文化园东线景观

中国梅山文化园
China Meishan Cultural Park

项目地点：湖南 安化 仙溪镇

设计团队：陈飞虎、龚震西、邹阳、姜敏、沈竹、谢旭斌、罗金阁、夏华厦
陈超、李川、邓世维、王立群、刘慧、马珂、李星星、龙晓露、汪溟、陈书芳
金耀光、姜紫薇、张鎏、刘溢菡、李晨静、禹常乐

梅山文化园建设开始于 2007 年，距今已有 12 年
的历史，其选址位于湖南省安化县仙溪镇山口村富
田林场，处于富溪村、桅山村、赶进村、方公村交
界处，所在区位交通便利，紧靠二广高速、207 国
道及 1816 省道，是连接东西部的枢纽地带。

梅山文化园海拔 684m，地处芙蓉山系与五龙山系
地带，位于富溪、赶进、方公、桅山四村交界的高
山中。项目周围群山簇拥，地形地貌丰富多样，以
丘陵为主，山势奇特，沟谷深邃，岩石怪异，形态
多样，是典型的山地地形。同时，梅山文化园自然
风光保留得十分完整，有着极佳的生态环境和自然
资源，包括百花寨、义溪河、富田云海、白花寨瀑
布、山口等，正是由于这些得天独厚的自然条件，
梅山文化园形成了独特的景色。

梅山文化园占地 2800 亩，项目园区内保持有
1000 亩原始生态林，具备良好的原始自然生态环
境。园区在 2005-2006 年又增加 600 亩生态林。
园区在设计过程中充分利用场地原始形态，原生态
的自然景观与山地建筑相得益彰。梅山文化园的人
文环境也散发出浓厚的梅山文化传统气息。

景排楼

红色文化纪念馆

图腾戏台

梅山文化园依托当地突出的梅山文化特色，将梅山文化所影响的各种建筑符号、文化信息、民风民俗、宗教信仰以物化形象进行整体融合，将休闲与观光、自然与人文、传统再现与现代服务、艺术实践与作品展示、民俗体验与科普教育有机组合与互相渗透，将梅山文化园建设成为集学术研究、教学实践、观光旅游及休闲娱乐为一体的多功能综合型文化生态旅游示范园区。在规划过程中，梅山文化园提倡消灭设计感，提出项目建成后"野草照样长，野花照样开，野兽照样来"的生态理念。梅山文化园充分利用当地的人文资源及自然资源，传承当地历史文化及地域特色，让游客在游赏自然风光的同时，亲身体验梅山文化中的精髓，使其在此获得独一无二的旅游感受。

梅山文化博物馆夜景

梅林桥头雪芳塔

夕照亭

113

景区大门

梅山文化博物馆

绿藤环绕的图腾柱

湘潭窑湾历史文化街区设计项目
Design of Xiangtan Yaowan Historic District

项目地点：湖南 湘潭
设计团队：陈飞虎、罗金阁、陈曦野、周曦

湘潭历史悠久，人杰地灵。曾因水陆交通方便而逐渐成为湖南重要的物资集散地。以米、药等商品的转运贸易为基础，在明清十分繁盛，明朝时为"工商十万，商贾云集"的商埠，有"小南京""金湘潭"之称。清朝至鸦片战争之前，湘潭是广州进出口货物运输的重要中转站，也是连接上海、汉口和西南地区的商业枢纽，是湖南最重要的转口贸易城市。当时的湘潭发展为湖南最大的商业与经济中心。

本次窑湾河街、酒吧街建筑设计是窑湾历史文化街区重点项目的示范区域。通过对河街、酒吧街重点地块的设计，在严格保护街巷传统风貌、肌理和历史建筑的前提下，充分挖掘现存的历史遗产、人文资源、历史环境要素，发挥街区的优势，突出特色，将窑湾示范街区建设成为整体风貌格局保存较好、富含湘潭文化内涵、反映湘潭传统特色的历史文化旅游街区。

暖色调中的历史文化街区

窑湾历史文化街区民居基本体现了从明到清及民国时期的建筑风貌特点，民居建筑空间基本单元由堂屋、楼台、庭院、天井、门楼组成，平面布局形成了两进或三进的空间组合方式，装修与细部处理主要在门、窗、马头墙、柱础、跳枋等处。为了把这些极具独特性的窑湾整体风貌格局较好地保存下来，河街、酒吧街建筑设计充分结合窑湾特色的建筑符号以"群建筑"的设计手法，从建筑群体之间与城市设计的角度出发，分析研究各功能单体之间的内部关系，使之在满足内部使用功能的基础上，成为一个有机的整体。并通过功能置换、形象改造和格局重塑，寻求街区振兴和历史文脉保护的平衡发展。把历史街区的特色景观、传统文脉与文化内涵嫁接到城市运转机制之中，保证历史环境在现代背景中持续存在，并能够获得新的发展动力，从而实现街区的振兴目标。

设计中遵循总体规划结构，将其传统优势加以延续，并有所改进和突破。在解决功能问题的前提下，更多考虑的是其独特性的塑造和层次的提升，以传承窑湾传统文化，融独特性、多样性、生态环保于一体。为贯穿整体设计的设计理念，从环境限定条件出发结合基地周边环境，合理规划，精心布局，充分利用有限的土地，将各类不同性质用房分区设置，以创造一个更为舒适的空间。

窑湾日景鸟瞰图

窑湾夜景鸟瞰图

场地的交通组织与城市道路有机衔接，强化整体骨架作用，并注意减少对主体空间的干扰，形成通达有致、疏导有序的交通系统。交通流线清晰简洁，各功能区间联系便捷。在保证主要人流动线顺畅的同时，内外街及建筑各层之间充分利用文化及景观元素，将游客引入，体验空间的丰富；并利用河街景观带的开放空间，成为集聚人气的场地。

窑湾街区交通节点

民俗文化街街景

芦溪县民俗文化街及袁河风光带设计街区设计项目
Luxi County Folk Culture Street and Yuanhe Scenic Belt Design

项目地点：江西 芦溪

设计团队：陈飞虎、夏华厦、陈曦野、罗金阁、王立群、刘慧、李星星、陈超

本项目围绕"山水书香气、古道石桥家"的设计意境进行传统生活空间、文化底蕴的复原与营造，旨在展现芦溪古镇民俗风情，打造赣湘通衢生态名片。

项目从芦溪在地文化着手，从宏观层面至微观层面，层层推进，精准解读，将"山水书香气、古道石桥家"的文化氛围自上而下地融入建筑与环境中。宏观层面，结合芦溪山水特色以及本项目客观环境，从芦溪文化名人刘凤诰、周敦颐的文学作品以及描绘芦溪美景的诗词出发，将项目红线范围划分为四大四小的"芦溪八景"，并且从传统诗词中选词为巷道赋名，树立街区文化品牌及文化形象。中观层面，以街区中现存的古建筑为载体，通过对古建筑修缮、修复，在其中植入小型图书馆、（非）物质文化展览馆等城市公共空间功能，活化传统建筑、提供就业机遇、丰富街区文化生活。微观层面，以农民画、傩戏道具、书院礼教等芦溪在地文化遗产为素材，在城市家具、雕塑小品中强化"文化芦溪"的主题，以篆刻、雕塑、对联等具体的形式展现出来，通过文化物化的方式，将芦溪传统文化精髓实实在在地展现在受众眼前，于潜移默化之中，再现文化芦溪的完整风貌，从而展现芦溪老城区的魅力及活力。

袁河风光带

建设内容及规模：项目改造范围南起日江桥，北至宗濂桥。红线范围内建设面积（包含建筑立面以及景观提质改造）为163.7亩（109127.3m²）。其中包含：袁河河道东岸河堤景观1.2km，雷神庙广场1333.5m²，袁河东岸人行道0.4km，袁河河街1.2km，东桥河街0.3km，芦溪老街153.2m，东桥巷187.5m，芦外巷233.2m，新生巷113.1m，以及该区域内130余栋建筑立面改造以及景观提质。

本项目以"芦溪八景"为整体规划的主体结构。芦溪八景呈四大四小一一对应的关系。芦溪八景分别为：朝暮廉明、龙门凤诰、书香墨径、芦萧水月、爱莲广场、雷神福愿、洞锁烟霞、渔樵古渡。

河畔新民居

袁河两岸鸟瞰图

新芦溪大桥

袁河步道

仓储中心室内

安化百花寨千两茶仓储中心街区设计项目
Qianliang Tea Storage Center in Baihua Village,Anhua

项目地点：湖南 安化
设计团队：陈飞虎、刘慧、朱丹迪、禹常乐、喻天骄、刘溢菡、李晨静、姜紫薇
王月霜、姜雯凯、樊新然、朱玲艳、饶向杰、吴琪钰、曾露颖

百花寨千两茶仓储中心位于湖南省安化县滔溪镇百花寨自然生态景区，是百花寨景区的核心建筑。该项目的建筑面积为 4545.3m²，建筑总面积为 6792.3m²。建筑包含仓储区、研究区、展示区三个部分。其中，仓储区采用钢网架结构来实现 52m 宽的大跨建筑形式，内部能满足收藏一万只千两茶的仓储面积；研究室区采用了富有变化的玻璃窗来满足采光的需要，用于提供茶技术人员研究办公的空间；艺术展示区用于陈列茶文化相关的艺术展品，提升茶收藏的文化品格。

本建筑在恒温、恒湿、消防、运输、管理等方面均运用了科学合理的技术手段，尤其在采光通风方面运用了简洁的技术手法。屋顶采用锯齿形窗，开窗方向朝北以满足采光通风的要求。南部采用了梯形退台式的窗户，所有窗户采取电动自动化手段进行开启与闭合以应对随时发生的气候变化。建筑内部设计了合理的交通流线，使收藏、参观、展示、研究等功能组织形成一体。

建筑造型的设计是对安化当地具有代表性的山地建筑原型进行现代转译与表达，形成依山就势的建筑态势，对周边的山水植被进行了巧妙的对话与呼应，从而与周边环境达成了自然和谐的统一。

灰房子工作室
H · HOUSE STUDIO

灰房子工作室团队照片

灰，非黑非白，亦庄亦谐，淡定而周到，暧昧且平衡。

灰房子，以"灰"为支点，在图纸上寻求微妙平衡，在光影中探索迷人灰度，在空间里讨论更多的可能性。

H·HOUSE"灰房子"工作室，根植于湖南大学的人文土壤，滥觞于建筑学院的技术积累，秉持"灰"的态度，不极端也不妥协，衣锦夜行，创造建筑，同时治疗建筑。

工作室在创始人陈翚博士的带领下，坚持设计实践与科研教育相结合，经过多年的实践积累，逐渐建立了一支具有综合优势、核心业务和服务特色的团队，致力于建筑创作、改造与再生。目前已完成诸如益阳茶厂早期建筑群改造更新、安化第一茶厂清代木结构茶作坊修缮与利用、老挝波里坎塞中老水稻合作研究中心等多个优秀实践项目。

研究方向

建筑遗产保护与利用

建筑创作理论与评论

建筑自然通风与被动式节能技术

工程实践

湖南省保单位——湖南益阳茶厂早期建筑群保护规划

长沙市万代广场大厦改造设计

长沙市应急救援指挥中心大楼

湖南省耒阳市花木城会所设计

江西省共青城市山水华庭二期设计

国家重点文物保护单位——湖南大学早期建筑群保护规划

科研成果

主持万里茶道湖南段建筑遗产田野调查与基础研究（省文物局委托项目，2020—2022）；

主持中蒙俄万里茶道文化遗产脆弱性评估及其应对策略（科技部"一带一路"创新人才交流外国专家项目,2020—2021）；

主持中俄万里茶道联合申遗对提升湖南茶业品牌的对策研究（湖南省社会科学界联合会智库课题,2019—2020）；

参与少数民族地区传统村落保护发展及其现代空间转换实证研究（国家自然科学基金一般项目,2020—2023）；

主持湘北地区集合住宅自然通风冷却设计模式研究（湖南省自然科学基金面上项目,2016—2018）；

主持万里茶道（湖南段）文化线路建筑遗产基础研究（湖南省文物局专项项目,2015—2016）；

主持城市历史地段及其周边地区建筑"群"形态研究（湖南省财政厅委托项目,2003—2004）。

入口效果图

东南角效果图

鸟瞰效果图

益阳花木城会所
Yiyang Forest Club

项目地点：湖南益阳
主创建筑师：陈翚
设计团队：许昊皓、李卫、李洋

会所位于市郊一个苗木产业园内，环境优美，交通便利，周边围绕着乡村农舍。会所的特点在于营建过程而不是设计。从定位之初，业主和设计师就决定依托当地传统建筑风格和营建模式，以低技的方式营造休闲自在的场所。建筑师带着草图直接参与了建造的全过程，包括砖墙的砌法和挑檐的处理，都由建筑师与有经验的泥水匠协商完成。这种采用当地传统的建造工艺、建筑材料和营建模式，通过创造性的方法建造起来的熟悉而陌生的形式特征，有助于提高当地工匠的职业水平，开创源于对本土可能性的多元化探索和资源的灵活应用，对于解决中国广阔的农村地区大量农房的形式特征更新的问题有一定的指导意义。

会所立面

外立面

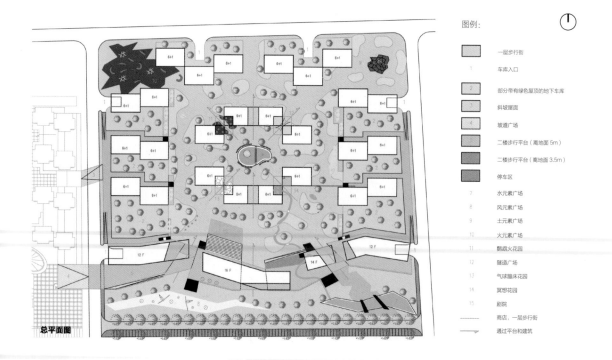

总平面图

江西共青城碧水华庭二期
Bishui Huating Phase II,Gongqingcheng City, Jiangxi

项目地点：江西省共青城市
主创建筑师：陈翚
设计团队：Michal Hlavacek、Peter Herman、许昊皓、唐加夫、陈小明

阳光、空气、水、树木和土地，是人们赖以生存的五个基本元素，也是本案设计中主要考虑的因素，每一个细节都体现出对这些因素的尊重与考究。沿街的高层公寓为街道营造了完整的界面，也阻隔了城市的喧嚣。转折和镂空的形体顺应阳光和气流，使每一栋住宅都能享受自然。住宅围合成相互联系的绿地或广场，以不同元素的主题形态区分。形似活字印刷版的窗户在内部形成相对私密的小空间，享受阳光和室外美景。

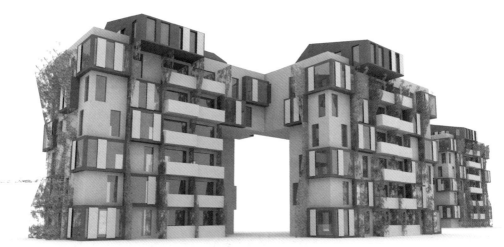

人视图

131

改造再利用示意图

现状图

湖南益阳茶厂早期建筑群保护规划
Protection Planning of Early Buildings of Hunan Yiyang Tea Factory

项目地点：湖南 益阳
主创建筑师：陈翠
设计团队：汪刘英、田长青、刘万泉、陈灿、廖鹏程、彭号森

湖南益阳茶厂早期建筑群建成于特定历史时期，是属于特定的产业建筑类型，其建筑用材、建筑质量、建筑风格甚至建造速度，都深深打上了时代烙印和产业特征，作为建筑营造、景观设计、工程建设或造型艺术等方面的重要成就，能够反映特定时代整体或局部地域的典型风格与技术水平。建筑要素的保护策略为：保护核心建筑基本布局形态，慎重维修及合理利用各种类型的人工环境要素，严格控制核心保护范围内的建设，严禁破坏历史建筑外部界面的改造活动，并根据历史资料，适当缝合已失落的连续性空间体系。

益阳茶厂三维点云数据模型

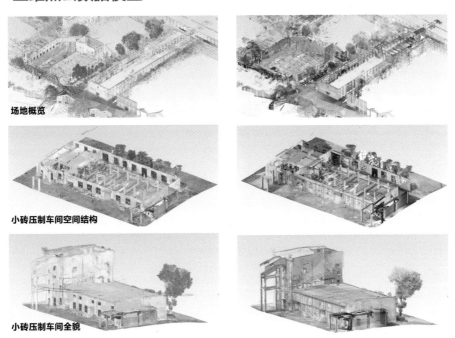

场地概览

小砖压制车间空间结构

小砖压制车间全貌

文物与古建筑设计研究所
DESIGN AND RESEARCH INSTITUTE OF CULTURAL RELICS AND ANCIENT ARCHITECTURE

古建所工作人员合影

文物与古建筑设计研究所成立于 2014 年，是目前湖南大学设计研究院专业特色所之一，是省内唯一具备文化遗产保护与重大仿古建筑工程设计研究双资质的专业团队。

团队依托湖南省内最具影响力的建筑学者、国内著名古建筑专家柳肃教授、蔡道馨教授，培养了一批中青年学者、博士、硕士，并通过实践和理论研究，积极开展对外合作交流，初步形成了"学历层次丰富、专业特色明显、技术水平先进、平台优势突出"的团队优势。

建所以来，团队秉承"勤学、慎思、笃志、励行"的工作理念，以"文化遗产保护传承"为宗旨，先后承担了多项世界文化遗产、全国重点文物保护单位以及重大的省级（及以下）文物保护单位的保护规划与修缮、迁移、复原重建工程，形成了以文化遗产保护为龙头，以名人故居修缮、佛寺建筑遗产保护、近现代建筑遗产保护、地域建筑研究、文物数字保护技术为主线的多学科交叉的团队特色，设计项目先后荣获中国勘察设计协会行业评选一等奖，教育部一等奖和多项省级优秀工程设计奖。

西藏自治区

罗布林卡

格桑
颇章

坚赛颇章

准赠颇章

达旦明久

古建筑

园林景观

壁画等其他文物

西藏罗布林卡坚赛颇章信息留存与价值阐释
Tibet Luobulinka&JianSaiPoZhang Information Retention and Value Interpretation

项目地点：西藏罗布林卡

主研人员：柳肃、田长青、连琪

设计团队：刘露露、张小文、朱英、李艳、周正星等

世界文化遗产数字化信息采集

作为西藏世界文化遗产的重要组成部分——罗布林卡始建于 18 世纪中叶七世达赖喇嘛格桑嘉措执政时期，后经几代达赖喇嘛的扩建，20 世纪初形成了现有的规模，是历代达赖喇嘛的夏宫。在本项目中针对罗布林卡的古建筑外观及内部进行信息留存，利用数字化手段进行信息采集，并录入到数据库中，形成完整的古建筑内外部数字化信息档案，以达到预防性保护以及作为世界遗产文化价值阐述的目的。

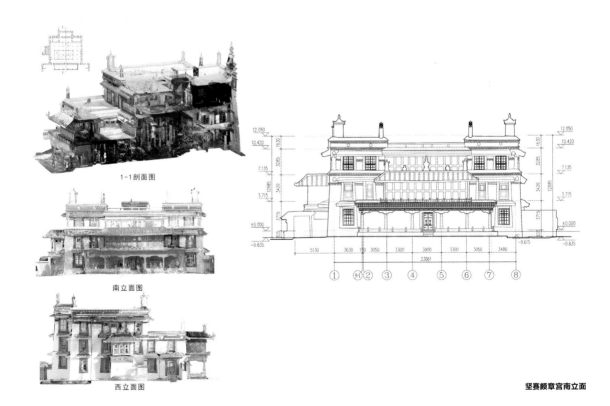

1-1剖面图

南立面图

西立面图

坚赛颇章宫南立面

137

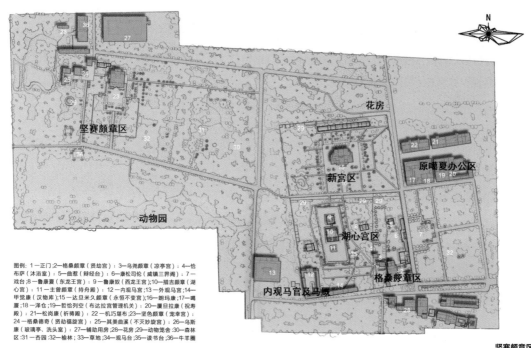

图例：1—正门；2—格桑颇章（贤劫宫）；3—乌尧颇章（凉亭宫）；4—恰布萨（沐浴室）；5—曲惹惹（辩经台）；6—康松司伦（威镇三界阁）；7—戏台；8—鲁康夏（东龙王宫）；9—鲁康奴（西龙王宫）；10—措吉颇章（湖心宫）；11—主曾颇章（持舟殿）；12—内观马宫；13—外观马宫；14—甲觉康（汉物库）；15—达旦米久颇章（永恒不变宫）；16—朗玛康；17—喝厦；18—泽仓；19—哲恰列空（布达拉宫管理机关）；20—厦旦拉康（祝寿殿）；21—松岗康（祈祷殿）；22—机巧堪布；23—坚色颇章（宠幸宫）；24—格桑德奇（贤劫福旋宫）；25—其美曲溪（不灭妙旋宫）；26—乌斯康（玻璃亭、洗头室）；27—辅助用房；28—花房；29—动物笼舍；30—森林区；31—杏园；32—榆林；33—草地；34—观马台；35—读书台；36—牛羊圈

坚塞颇章区总平面

坚赛颇章区航拍图

建筑实景图（1）

建筑实景图（2）

细部图（一）

细部图（2）

王家大屋实景图

王家大屋（秋瑾故居）修缮复原设计
The Wang's House (Qiu Jin's Former Residence) Restoration Design Project, Hunan

项目地点：湖南株洲市石峰区清水塘街道大冲村
主创建筑师：柳肃、田长青、连琪
设计团队：张小文 、刘翰波、刘露露等
研究生：郭宁、李雨薇、张星照等

株洲王家大屋原名"大冲别墅"，基地面积 36770.5 m²，建筑面积 4863.8 m²，是秋瑾与其丈夫王廷钧婚后居住的地方。秋瑾入住后，亲手在天井种下两棵玉兰树，将其宅院命名为"槐庭"，前后在此居住了四年。"槐庭"由其后人捐赠办学，"文革"期间遭毁，仅留一山墙一围墙。

经查证当地历史资料、多方走访考证后，由团队进行修缮复原设计 。2019 年该项目荣获"2019 年度行业优秀勘察设计""优秀传统建筑设计一等奖""教育部 2019 年度优秀工程勘察设计（传统建筑）一等奖"。

鸟瞰图

复原效果图局部

私人拍摄老照片（株洲市文物局提供）

1979 年珠江日报刊登老照片
注：图中红框处为复原设计参考位置

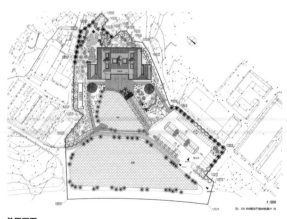

总平面图

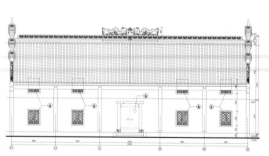

大门立面图

山墙实景图（1）

山墙实景图（2）

庭院实景图（1）

庭院实景图（2）

岳麓书院入口

岳麓书院系列建设工程
Construction Project Series of Yuelu Academy

项目地点：湖南长沙
主创建筑师：柳肃、田长青
设计团队：龙玲、刘烨、罗明、连琪、朱英、张小文
　　　　　王晓婧、李雨薇、贵文浩、张星照等

岳麓书院——中国古代四大书院之一，始建于北宋开宝九年（公元 976 年），是历史上唯一一座没有中断过办学的古代书院。岳麓书院占地面积约 21000m²，建筑面积 7504m²。1988 年，被国务院批准为第三批全国重点文物保护单位，1989 年，岳麓书院展开修复工作，并荣获 1989 年度湖南省优秀工程设计奖一等奖。

岳麓书院自修复工作开展以来，以杨慎初、黄善言、蔡道馨、柳肃教授等为核心的文物古建团队就一直是书院保护工作的守护者，2000 年以来，在柳肃教授的带领下，先后恢复重建了明伦堂、崇圣祠、屈子祠、大成殿等建筑，使书院的形制日臻完善。

大成殿是湖南省长沙市岳麓书院文庙内的建筑，建筑占地面积约 203.07 m²，建筑面积约 278.97m²，建筑为两层砖木结构，重檐歇山顶，是典型的南方殿堂式建筑，也是岳麓书院内建筑等级最高的建筑，属于全国重点文物保护单位。大成殿于 1938 年在日军轰炸中被毁，1946 年重建。10 余年前大成殿主体结构开始出现开裂和倾斜现象，期间经过多次加固修复，勉强能维持整体的结构。2014 年 8 月 18 日下午，大成殿左后方一棵 200 多年的古枫树从根部折断，倒在大成殿上，导致大成殿建筑被压垮了 1/3，殿堂另外 2/3 的结构也发生了严重的倾斜和扭转，随时可能继续垮塌，因而决定在此基础上进行修缮与重建。

岳麓书院实景图

大成殿实景图（1）

文庙大门实景图

石狮实景图

大成殿实景图（2）

147

老图书馆

湖南大学大礼堂

湖南大学科学馆

湖南大学早期建筑群保护规划与修缮工程
Hunan University Early Building Complex Protection Planning and Renovation Project

项目地点：湖南长沙
主创建筑师：柳肃、田长青、连琪
设计团队：刘露露、张小文、朱英、李艳、周正星等

1+9 国宝建筑群

湖南大学早期建筑群是指 1926 年定名国立湖南大学以后，从岳麓书院向外发展时期（1920-1950 年代初）建设的一批近现代建筑，主要包括第二院、科学馆、工程馆、大礼堂、老图书馆、胜利斋教工宿舍、第一学生宿舍、第二学生宿舍、第七学生宿舍、第九学生宿舍等九栋教育教学和居住建筑。这些建筑年代不同，风格也不同，集中体现了中国近代教育建筑的风格演变特色，也是古代书院向现代化大学教育发展演变的典型实例，为国内大学建筑群中具有较强特色的重要实例。为有效保护湖南大学早期建筑群，延续其历史信息的真实性、完整性，对湖南大学早期建筑群进行了保护规划的编制与修缮设计方案的制定，针对历史文化遗产的特殊性，使用三维扫描进行建筑数据的存留。

湖南大学国宝群位置图

湖南大学第九学生宿舍旧照（右上角为旧平面布局图）

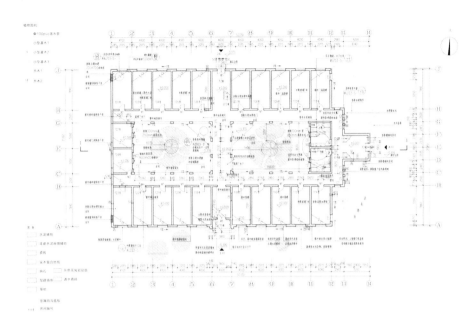

九舍始建于 1946 年，由柳士英设计，为二层砖木结构，青砖清水墙。属于早期现代主义建筑风格。日字形平面，内有两个庭院，中间两层通廊连接，四周回廊环绕。东南角有后期加建的厕所，西面原有墙体被部分拆砌，且圆窗被封堵。除此之外，整体外观完全保持原貌，木构门窗均保持原样。

走廊实景图

入口实景图

庭院实景图

都市空间设计研究中心
URBAN DESIGN RESEARCH CENTER

都市空间设计工作室合影

团队介绍

中国的城镇化已经从高速增长转向中高速增长，进入以提升质量为主的转型发展新阶段，城市更注重内涵发展。如何基于新常态背景下的形势发展要求和城市发展客观规律，全面正确理解城市更新的本质内涵与核心价值，是都市空间设计研究中心团队持续关注和研究的问题。

都市空间设计研究中心作为湖南大学设计研究院的一支重要设计力量，打造贯穿"前期策划、中期设计、后期管理"的全过程设计一体化模式。依托高校研究平台，形成了一系列既有研究价值，又有实践指导意义的研究成果。结合自身研究特点，多年来在南方丘陵地区城乡规划及建筑设计完成了一批有影响力的作品，并多次获得各种奖项。主要研究方向为：城市设计；城市更新；城市公共文化建筑；产业园区等。

团队成员：（部分）

严湘琦、向辉、项丹强、唐国安、郦世平、黄钢、杨博艺、王慧军、陈伟、张舸、何漾、罗浩、罗玮、毛颖杰、周宏扬、罗学农、邓少华、李想、胡怀宇、陈晨、赵承志、邹量行、陈灿、何韬

获奖情况

2015 年 常德市规划展示馆、群众艺术馆、城建档案馆　教育部优秀工程勘察设计奖二等奖

2016 年 常德丁玲公园　湖南省优秀工程勘察设计二等奖

2017 年 常德市青少年活动中心、妇女儿童活动中心、科技展示中心　湖南省优秀工程勘察设计一等奖

2017 年 常德市沾天湖东岸栈桥工程　全国优秀工程勘察设计二等奖

2017 年 常德市柳叶湖停车场及湘西北旅游集散中心　教育部优秀工程勘察设计奖三等奖

2019 年 洋湖生态修复与保育工程项目一期 D 区景观工程教育部　教育部优秀工程勘察设计奖一等奖

2020 年 长沙德泽苑综合楼　湖南省优秀工程勘察设计二等奖

高密度城市背景下，对于建筑城市功能的思考

万家丽路一侧设计公园绿地连接建筑与城市道路

在庭院上空布置廊道连接不同的功能

长沙德泽苑综合楼——湖南地理信息产业园总部基地

Dezeyuan Complex in Changsha —— The Headquarters Base of Hunan Geographic Information Industrial Park

项目地点：湖南 长沙

主创建筑师：严湘琦

设计团队：向辉、项丹强、唐国安、郦世平、黄钢、杨博艺、王慧军、陈伟、张舸

何漾、罗浩、罗玮、毛颖杰、周宏扬

方正庭院 叠合生长

项目与德泽苑小区的位置关系

本项目基地位于芙蓉南路和万家丽路交会处，地块南北向通过芙蓉南路与城市相连。两条道路均为长沙城市主干道，将为地块提供便利的交通条件。地铁一号线经过基地，增加了基地的可达性。基地周边有大型商业综合体，有利于形成商业氛围；基地南向3.2km为大托铺机场，导致基地所在片区内建筑限高50m，大托铺机场计划5年后搬迁，搬迁后片区限高将放宽至100m。基地西侧及南侧为德泽苑住宅小区，已成型。基地总用地26374m²，有效用地面积约22120m²，退让长沙地铁一号线后净用地面积约16450m²。

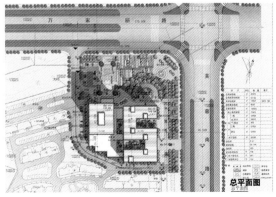

总平面图

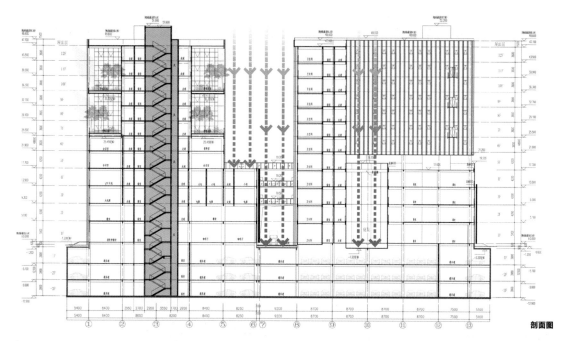

剖面图

湖南地理信息产业园总部基地

地信大厦

理性的建筑形象

建筑的公共形象。它由政府牵头投资，是政府办公的地方，但是它又有一大部分具有市场化的商务属性，比如商务办公、酒店、商业等；所以在整个建筑的公共形象上，我们选取了一种比较理性的风格，采用竖向线条体现出建筑立面的理性、干净。同时，我们通过一个大的玻璃体块的穿插和对比，使建筑以一种更加放松的态度融入场地。

景观复合化。注重德泽苑生态功能的开发利用，利用入口庭院、空中庭院、边庭等对场地进行深层次挖掘，有效打破城市建设用地紧张和绿化环境严重不足的困局，提高空间土地资源利用率，提升片区空间的环境品质。同时将公共的绿地景观系统导入建筑内部以及空中，形成立体化的城市绿地和城市景观，也提升了高层建筑功能的使用品质。

立体化生态景观

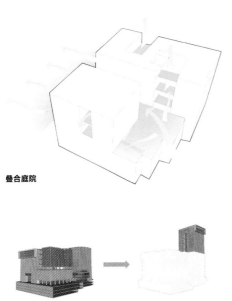

叠合庭院

预留生长

效果图

五柳湖周边环境

五柳湖太极广场鸟瞰

常德桃花源景区提质改造项目
Renovation of Taohuayuan Scenic Spot in Changde

项目地点：长沙 常德
主创建筑师：严湘琦
设计团队：杨博艺、向辉、陈伟、王慧军、罗学农、郦世平、邓少华
李想、胡怀宇、陈晨、赵承志、邹量行、陈灿、何韬

桃源佳致　怡然自乐

项目鸟瞰

桃花源位于湖南省常德市，该项目是常德市打造"共享桃花源"的理念，坚持核心景区带动特色小镇与乡村振兴的重要项目。该项目将桃花源营造成为一个集休闲与文化体验于一体的旅游示范区，使桃花源成为湖南文旅融合新地标，具有重要的战略意义。在原有 AAAA 级景区的基础上提出"寻找灵魂的故乡"的主题。桃花源景区已于 2020 年成功晋升为 AAAAA 级景区。

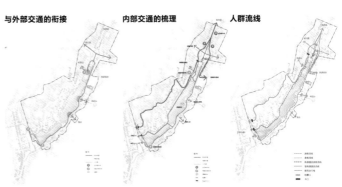

与外部交通的衔接　　内部交通的梳理　　人群流线

五柳大院鸟瞰图（1）

五柳大院鸟瞰图（2）

常德桃花源景区提质改造项目——五柳大院街区更新
Renovation of Taohuayuan Scenic Spot in Changde
——Renewal of Wuliu Courtyard Block

项目地点：长沙 常德

项目主创：严湘琦

设计团队：杨博艺、向辉、陈伟、王慧军、罗学农、郦世平、邓少华
李想、胡怀宇、陈晨、赵承志、邹量行、陈灿、何韬

织补重构 新旧共生

日常生活视角下的街区更新。五柳大院是一个在现代文化影响下仍保有武陵地区特色的地方街区，日常生活文化是五柳小镇的核心内容。日常生活常常因其繁琐无齐、微不足道、无关紧要等表象而被自觉理性忽略，但实质上日常生活具有内在的深刻性，其基于"个人主体"而具有多样性、开放性、真实性等特征，它也是武陵文化形成的基础。

空间结构重构。五柳大院采用"棋盘式"的总体空间结构以及"院落式"的单体空间布局以弥补原来空间结构上的不足，强化空间的多样性与开放性。五柳小镇是一条"鱼骨式"传统街巷形制的商业街区，商铺是"前店后宅式"，单一维度的街道和临街面限制了人们之间的交往，也限制了商业的发展。"棋盘式"与"鱼骨式"一脉相承，均为我国传统的线性街巷格局，五柳大院采用"棋盘式"既延续了五柳小镇的空间肌理，也通过街巷维度的突破，强化了街道的多样性。

五柳大院融入日常生活

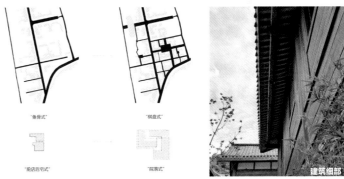

"鱼骨式"　　　"棋盘式"

"前店后宅式"　　　"院落式"

建筑细部

武陵地区是以武陵山脉为中心，以土家族、苗族为主体的湘鄂渝黔四省毗邻地区，它是历史上的一个行政区划，也是自然环境、经济社会发展同一性较强的相对完整和独立的地理单元，形成了具有地域性、多元性、开放性和真实性特征的武陵地区文化。作为武陵地区沅水流域上的一个区域，桃源县继承了武陵地区典型的文化特征，而五柳大院所在的五柳小镇就位于桃源县的桃花源景区内。五柳大院位于五柳小镇的东南角，西临秦溪，东邻桃花源景区五柳湖片区，是游客经由秦溪码头进入五柳湖片区的一个过渡区域，是集商业服务及文化体验为一体的地方街区。

株洲市国土空间规划专题研究：大数据与公众参与专题
Special Study on Territory Development Plan of Zhuzhou City:Topic on Big Data and Public Participation

项目地点：湖南省株洲市

设计团队：向辉、陈娜、高博宇、李耀华、黎璟玉、郭红霞、刘诗雨

随着国土空间规划工作的开展，空间规划体制改革不再是过去简单的"多规合一"。通过多源数据来分析城市静态特征与格局以及城市居民时空行为，可以实现规划实施评估当中对空间监控的要求，通过检测评估预警实现自下而上的及时反馈及优化调整。

项目由株洲市自然资源和规划局委托，为《株洲市国土空间总体规划（2020-2035）》专题研究。其中包括大数据研究与公众参与两部分，大数据构成要素为 POI 数据、手机信令、公交车数据、出租车数据、水电气等市政应用数据、工商注册信息等。

株洲市全域 POI 数据核密度分析

本次所采用的数据来自高德地图（2019 年 7 月），POI 数据信息中包含了名称、类别、经纬度、联系方式和行政区划等属性。

株洲市市域范围内 POI 数据共采集 92026 条，其中：

1. 居住类 3213 个数据；

2. 公共管与公共服务设施类 14750 个数据；

3. 商业服务设施类 63087 个数据；

4. 工业用地类 7384 个数据；

5. 道路与交通设施用地类 3125 个数据；

6. 绿地与广场类 474 个数据。

图例

☐ 0 - .185253164
▨ .185253164 - 1.079298177
☐ 1.079298178 - 5.394023312
▨ 5.394023313 - 26.21719523
■ 26.21719524 - 126.7113113

株洲市商业服务 POI 数据热力示意图

公交 IC 卡数据应用分析

站点总数（含重复）2830 个；全市站点数（不含重复）1537 个；建城区站点数（不含重复）1271 个。天元区、石峰区、核心区职住失衡情况较弱，同其他区相比，荷塘区、芦淞区、云龙示范区存在职住失衡情况显著的问题，而且本区居住者倾向于外区就业。石峰区、荷塘区超过 60% 的本区就业者倾向于本区居住，不足 40% 的本区就业者来源于外区，石峰区、荷塘区职住情况相对平衡。

天元区、芦淞区、核心区、云龙示范区就业者平衡指数不足 40%，与全市情况相比较低，表明不到 40% 的本区就业者倾向于本区居住，也就是说，有接近 60% 的本区就业者来源于外区居民。同其他区相比，核心区、芦淞区、云龙示范区存在职住失衡情况显著的问题，而且本区对外来就业者有吸引力。

居住空间特征：主要位于河西居住片区与河东居住片区，刷卡次数等级最高，两个组团位于中心城区，居住用地密集，居住人口集中，公共资源配置较好，且公交站点密度较大。

就业空间特征：就业点的上车人数进行核密度分析，相对于株洲市的居住集聚区空间的分散分布，就业集聚空间相对较集中。在叠加分析一周的数据基础上，总体的态势变化一致。

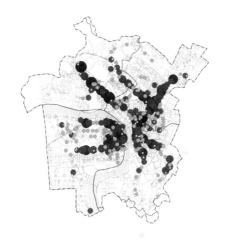

居住地上下班时间形成的公交 IC 卡各站点刷卡次数分布情况　　　　　　**就业地上下班时间形成的公交 IC 卡各站点刷卡次数分布情况**

根据公交刷卡数据统计、空间等级分析、株洲市在 2014 年的居民出行调查对居住地和就业地进行分析。

居住地分析：天元区的出行比例最高，其次为荷塘区、芦淞区、石峰区。

就业地分析：整体呈现多中心的结构，以天元区河西商贸文化中心、株洲市核心城区为主导，往北往西延伸。

公众参与

1. 搭建活动专题网页
由"株洲市国土空间总体规划讨论区、城市留言板、城市生态保护与修复、城市微改造"四个部分构成。将株洲市新闻网论坛与国土空间总体规划专题网站论坛相关联，有针对性地同步相关精选发帖，丰富论坛内容。由"专题座谈会、国土空间总体规划'走进社区'活动、调查问卷、活动进程"四个部分组成公众参与专题。将国土空间总体规划专题网站公众参与专题与官方微信公众号相关联，同步相关内容。
撰写相关主题在微信公众平台进行主题推送，增强株洲市国土空间规划公众参与工作的影响力。

2. 专题座谈会
通过座谈会的形式，政府邀请各界代表共同进行株洲市国土空间总体规划的有关讨论。会议围绕"各界对株洲城市发展和城市规划的要求"主题展开，从不同行业的角度出发，综合不同层面人士的观点，为株洲市现状和未来的发展提供建议。

3. 金点子征集
以改善民生，提高人居环境质量为目标，下设城市交通问题、城市生态环境问题、城市文化遗产保护问题、城市教育问题、城市基础设施建设问题及城市微改造、社区服务问题等六个部分。

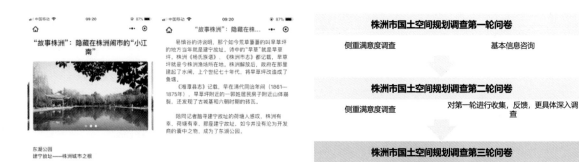

4. 国土空间规划调查问卷
株洲市国土空间规划调查问卷共分为三轮，每一轮的调查侧重点不同，同时考虑结合手机信令数据、公交 IC 卡数据职住分析做相互校核 。

甘肃省岷县火车站新区概念规划
Conceptual Planning of New Railway Station Area in Minxian County, Gansu Province

项目地点：甘肃省岷县
设计团队：向辉、何韬、高博宇等

岷县火车站新区位于甘肃省定西市岷县岷阳镇南部，距岷阳镇中心约 5km。规划面积约为 138hm²。迭藏河和国道 212 从中穿过，内有岷县火车站。西部紧邻中堡村，东部紧邻崖寺底下。

规划以"双轴双核多中心"为主体结构，双轴为以南北贯穿的达藏河与 212 国道形成的生态、交通轴线，双核为城市公园绿地与火车站前广场形成的生态、交通核心，节点为商业、居住与公共服务复合多元的城市空间。新区区域具备包括以绿地空间、滨水空间组成的城市生态景观廊道，以火车站、公交场站、客运站一起组成的交通枢纽等特点，体现"半城繁华半城绿"的城市特色空间。打造具备传承历史、魅力家园、融合多元、紧凑中强度为印象的城市副中心。

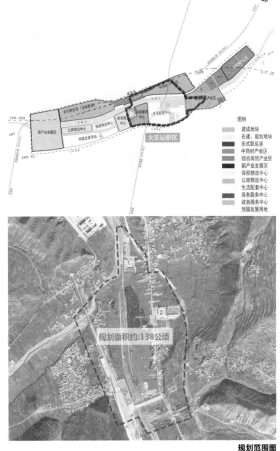

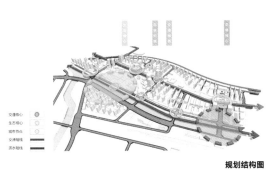

规划结构图

规划范围图

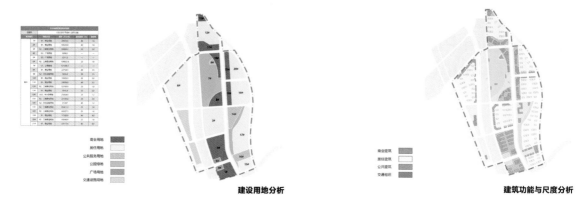

建设用地分析 建筑功能与尺度分析

针对交通枢纽人流量巨大、信息高度汇集、交通联动快速便捷的特点，梳理空间，打造功能复合的商业线型聚集区，结合两厢用地合理分流步行与车行交通，并通过这条线型聚集区与各个节点相结合，东西贯穿连接迭藏河与212国道的生态、交通双轴线。

以人为本，沿连续的步行空间，以步行尺度的可达性为依据打造尺度合理、便于达到的居住、公共服务与商业节点，相互穿插于水体与国道两轴中间，着重滨水空间打造与东西两厢商业组团、公园绿地与火车站中间的联系。

新区建设用地布局突出复合多元的规划策略，以生态绿地为核心，围绕生态核心逐步规划商业、居住、公共服务用地。自南向北为商业核心区、城市绿地公园及公园两厢与公园北侧的居住、商业相互混合的城市空间。

新区建筑尺度合理，在混合不同功能建筑的同时，使建筑之间保持合理的密度，以紧凑中强度的开发理念打造区域整体的建筑群落。以一定的密度与容积率满足城市开发成本的同时，也满足社区的宜居性、可达性与功能分布合理性。

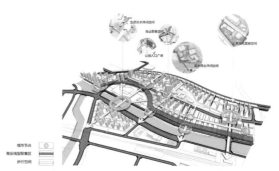

商业线型聚集区

火车站前广场透视图

总体鸟瞰图

中央公园与滨水空间透视图

凤凰县城市总体规划（2004-2020）（2018 修改）
Urban Master Planning of Fenghuang County (2004-2020) (2018 revision)

设计地点：湖南省湘西土家族苗族自治州
项目团队：向辉、高博宇等

以科学发展观为指导，以构建和谐社会为基本目标，坚持五个统筹，坚持"旅游立县、工业强县"的指导思想，把县城作为县域经济的"发展极"，加快建设资源节约型、环境友好型社会，推进新型城镇化。

（1）着力推进优势产业建设，打造特色创新型凤凰
（2）着力推进基础设施建设，打造平衡发展型凤凰
（3）着力推进生态环境建设，打造绿色节能型凤凰
（4）着力推进新型城镇建设，打造城乡统筹型凤凰

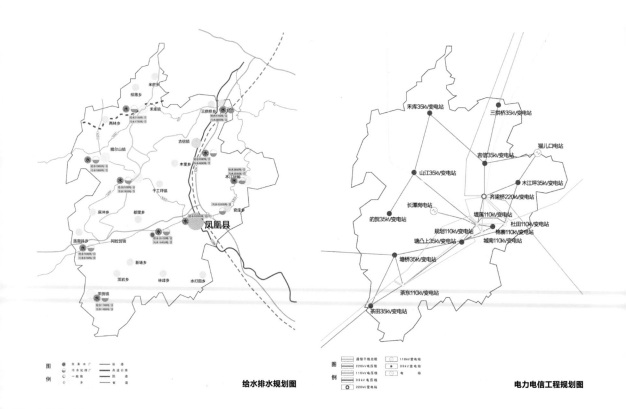

给水排水规划图

电力电信工程规划图

城市总体布局规划

城市空间布局结构

县城空间布局结构可概括为"五大片区，三向拓展，中心保护，一线控制"。

五大片区：分别为古城片区、红旗片区、新城片区、城北片区、棉塞片区。

三向拓展：在城市现状建成区的基础上分别向西、北、东南三个方向拓展县城发展空间，以西向发展为主。

中心保护指在古城范围内要严格控制建设，在古城可视范围内，原则上不允许建高层，采取最严格的保护措施，做到"修旧如旧"。

一线控制：对江西岸用地的控制。

城镇发展战略

以科学发展观为指导，以构建和谐社会为基本目标，坚持五个统筹，坚持"旅游立县、工业强县"的指导思想，把县城作为县域经济的"发展极"，加快建设资源节约型、环境友好型社会，推进新型城镇化。

县域基础设施规划

根据城区总体规划预测，远期城区年用电量达 6.4 亿度，供电负荷 16.01 万 kW，结合城区用电量占全县用电量 90% 的现状和规划城镇化水平，取城区用电比重为全县的 75%，则全县用电量将达 8.4 亿度，最大负荷利用小时取 4000 小时，供电负荷达 21 万 kW。

规划拟采用截流式雨污合流和雨污分流相结合的排水体制。雨水就近排入附近水体：规划在县城及产污量较大的城镇集中设置污水处理厂，城市污水处理率近期要求达到 50%，远期达到 90%。

污水工程规划

（1）县城城区 2020 年污水量约 6 万吨／日，规划将污水送入管庄污水处理厂，污水经处理达标后排放到自然水系。

（2）其他村镇的污水可结合本地的实际情况酌情设置（污水处理设施、氧化塘），严禁未经处理直接排放。

（3）规划污水处理厂：凤凰县管庄污水处理厂设计规模为近期日处理 2.5 万吨／天、远期日处理 5 万吨／天，配套污水主王管 DW1400 长度 7.4km，污水收集范围为城区、综合医院以东新区，处理工艺 I20，排放标准 I 级 A。处理厂让划 2018 年投入使用。

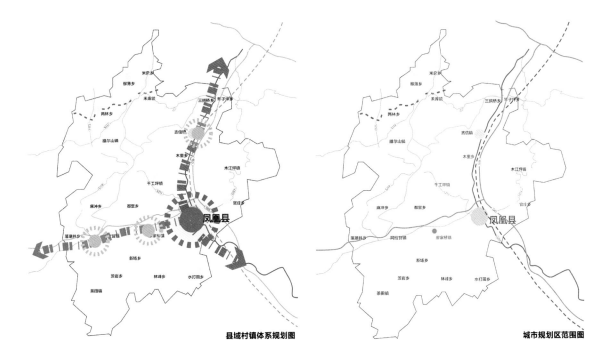

县域村镇体系规划图　　　　　　　　　　　　城市规划区范围图

湖南大学设计研究院—规划设计三所
THE NO.3 PLANNING INSTITUTE OF HUNAN UNIVERSITY DESIGN AND RESEARCH INSTITUTE

湖南大学设计研究院－规划设计三所团队合影

湖南大学设计研究院有限公司规划三所技术力量雄厚，专业配置齐全，是一支"策划 -规划 -建筑 -景观 -运营"全过程咨询与规划服务团队。所内设计人员近 40 人，涉及城乡规划、建筑、景观、土地规划、生态环保、经济地理、大数据等专业，包含博士、硕士、留学研究生等学历人才，配备高级工程师、注册规划师、一级注册建筑师等专业人才。所内负责的规划设计项目百余项，涵盖国土空间规划、村庄规划、详细规划、城市设计、专项规划、园区规划、特色小镇规划、"十四五"规划、专题研究等类型，获得 20 余项省部级优秀规划设计奖项。尤其作为核心团队，牵头开展十八洞村村庄规划，成为湖南省首个驻村规划师团队，实现了湖南省首个"多规合一"的实用性村庄规划，探索了"可复制、可推广"的十八洞精准规划模式。同时，团队注重产学研一体化发展，成功申请 6 项省部级、地方课题等科研项目，1 项计算机软件著作权，在 SCI、CSSCI、中文核心期刊上发表 10 余篇学术论文。

花垣县十八洞村村庄规划（2018-2035）
Village Planning of Shibadong Village, Huayuan County (2018-2035)

项目地点：花垣县十八洞村
主创规划师：尹怡诚
设计团队：湖南大学设计研究院 - 规划设计三所

十八洞村隶属于湖南省湘西土家族苗族自治州花垣县，地处素有花垣"南大门"之称的双龙镇西南部。东与双龙村接壤，南与张刀村相接，西与排达坝村相邻，北与马鞍村相连。距花垣县城约34km，距州府吉首市约38km。

规划理念
十八洞村之蝶形、蝶翼、蝶脉、蝶心，映射成"一廊连两翼、六寨齐一心"的空间结构。
一廊：以 U 形夯街峡谷串联高山、溶洞、梯田形成的山水景观廊道。
两翼：以莲台山生态休闲和高名山农旅产业区为基底的两翼，一翼重保护，生态环境优美；一翼重发展，生产生活活跃。
六寨：以苗族风情为主题的六个特色传统村寨。
一心：以梨子寨为中心的精准扶贫首倡地。

目标定位
精准扶贫首倡地、传统村落保护地、乡村旅游目的地、乡村振兴示范地。

产业空间布局
根据具体产业项目，在十八洞村形成"五核、两环、三区"的产业结构。
五核：分别为精准扶贫首倡地、苗情园、高名山、休闲谷、知青场。
两环：以交通线路串联重要产业项目，形成东、西两条精品旅游环线。东环串联苗情园 - 高名山 - 精准扶贫首倡地；西环串联精准扶贫首倡地 - 休闲谷 - 知青场。
三区：高名山农旅产业区、苗寨文化体验区和莲台山生态休闲区。

实景图（1）

实景图（2）

用地布局规划

村庄用地布局规划主要遵从"集约用地，科学布局"的原则，保障老四寨的村民住宅建设用地，考虑新两寨的异地安置用地，统筹考虑乡村旅游发展必需的设施用地和村庄产业发展备用地。

三线控制规划

根据国土土地利用规划和环保生态红线规划的要求，结合村庄发展和建设需求情况，确定三生空间和三线控制范围。

"三生"是指生活空间、生产空间和生态空间，"三线"是指生态保护红线、永久基本农田控制线和村庄建设边界线。

生态保护红线：根据生态系统完整性和连通性的保护需求，划定的需实施特殊保护的区域，主要包括莲台山夯街峡谷、水源保护地，禁止开发建设。

永久基本农田控制线：依据土地利用总体规划确定永久基本农田范围，禁止开发建设。

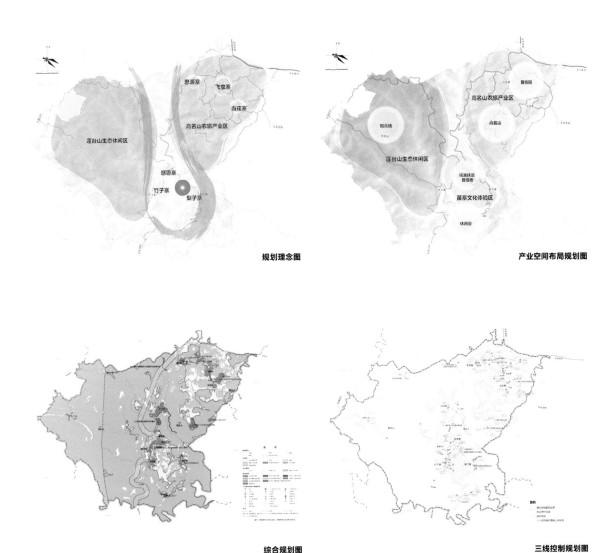

规划理念图　　　　　　　　　　　　　　　　　　　　产业空间布局规划图

综合规划图　　　　　　　　　　　　　　　　　　　　三线控制规划图

让"十八洞"成为区域共建共享的品牌

充分发挥十八洞村旅游产业优势，整合周边区域优质的但暂未较好利用的资源，统筹布局，打造"十八洞"品牌。以"十八洞"为纽带，主动融入各项优质资源，并从文化、旅游、营销等多层次多方面寻求互利共赢的合作，共同打造，并分享它所带来的效益。成立以"十八洞"为主题的管理企业或者协会平台，按照"共商、共建、共管、共享"的理念，实施规范化管理。

十八洞村级活动中心为在建项目，内设精准扶贫展览室、精准扶贫重要论述培训基地、警务室、电影放映室等；同时，改造旧村部为十八洞村农旅合作社；十八洞村特色产品店为在建项目，内设银行邮政网点，保留梨子寨现状银行网点、邮政所。同时，推广刷卡、微信支付、支付宝等无现金交易。

公共服务设施规划图

综合防灾规划图

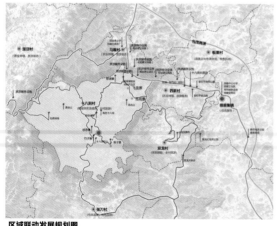

区域联动发展规划图

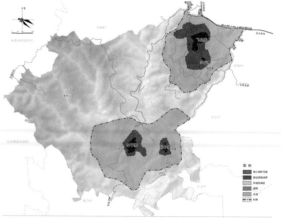

保护分区规划图

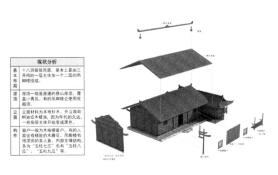

现状分析	
基本布局	十八洞苗族民居，基本上是由三开间的一层主体加一个二层的吊脚楼组成体。
屋顶	屋顶一般是最普通的悬山屋顶，覆盖小青瓦、有的会使用庹阔瓦。
立面	立面材料为本地杉木，外立面刷桐油或本桐油，因为年代的久远，一些旧屋主体开始变成黑色。
构件	窗户多为木格棂窗户，有的人家会有精致的木雕花，吊脚楼有很漂亮的美人靠，内部主穿斗结构，多为"五柱七瓜"也有"五柱八瓜"，"五柱九瓜"等。

现状户型

新建安置房分析一	
立面材料	主要展示面材料采用十八洞村常见的杉木，刷上桐油或本桐油，次要展示面材料可采取色系相近涂料。
立面	将传统以一层楼为主体的民居，改为两层小木楼，并不再带吊脚楼，整体风格依旧沿用旧苗族民居的风格。
空间	空间上的改动，重点是将庭下一层改为商铺，二层将原来苗家格局原封不动的移上来，不断地推陈出新，既保留又发展。
细部	保留了旧苗族民居的细部构件，并请当地的老木匠打造，将这种文化遗产传承下来。

新建户型一

新建安置房分析三	
立面材料	主要展示面材料采用十八洞村常见的杉木，刷上桐油或本桐油，次要展示面材料采取色系相近涂料。
立面	此方案为带吊脚楼的新建安置房，在旧吊脚楼底层底架在的基础上，改为底层石砌，既美观又实用。
空间	空间上的改动，将主屋右侧改为活动室，方便访客进行活动，左侧增加厨房和卫生间，便于生活。依旧保持原有的地坪，用来晾晒谷物等，保留原有全以部分山体为墙的一种构筑方式。
细部	保留了旧苗族民居的细部构件，并请当地的老木匠打造，将这种文化遗产传承下来。

新建户型二

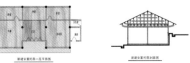

新建安置房分析二	
立面材料	主要展示面材料采用十八洞村常见的杉木，刷上桐油或本桐油，次要展示面材料可采取色系相近涂料。
立面	此方案形式是传统的主体为三开间的苗族民居，但是，主体右侧有功能性用房，极大地便利原生民生活。
空间	空间上的改动，将主屋右侧改为活动室，方便访客进行活动，原苗族民居不带卫生间，只在屋子很远的地方搭建茅厕，现在主屋右侧加建厨房和卫生间，既卫生为生活提供便利又能保持美观。
细部	保留了旧苗族民居的细部构件，并请当地的老木匠打造，将这种文化遗产传承下来。

新建户型三

建房要求

选址要求： 传统村落核心保护区范围内异地重建的村民住宅应集中安置在感恩寨和思源寨内。

面积要求： 根据《湘西自治州农村宅基地管理办法》，农村村民每户宅基地使用耕地的面积不得超过 $130m^2$，使用未利用地的面积不得超过 $210m^2$，使用其他土地的不得超过 $180m^2$。

功能布局： 以原有苗族民居为原型，平面布局遵循苗族人民的生活习惯，保留堂屋、火塘等建筑形式，同时加入厨房、卫生间等新的住宅功能，采用"吊脚半边楼"处理场地高差。

建筑材料： 新建建筑以本地材料为主，并与小青瓦、竹篾灰泥墙与带有传统风格的木质构件相结合，与当地的整体建筑环境相协遇。

建筑层数： 新建民居建筑层数一般不超过 2 层，公共建筑除外。

建筑退让： 新建建筑宜后退村庄道路红线 3m 以上。

十八洞村 logo

175

冷市镇核心区修建性详细规划及城市设计
Detailed Planning and Urban Design of Lengshi Town

项目地点：安化县冷市镇
设计团队：湖南大学设计研究院－规划设计三所

规划理念：与自然环境对话、与传统文化对话、与现代发展对话

与自然环境对话
景城相融：探索"景城相融"的新模式
靓山纳水：塑造"反确山水"的新格局

与传统文化对话
建筑遗风：传扬"山健筑"的新样式
文化地景：植入"需茶文化"的新景观

与现代发展对话
门户塑造：打造"安化茶旅"的新门户
文化地景：植入"需茶文化"的新景观
创新升级：注入"健康养生"的新功能

茶杰会馆

茶酒风情街

鸟瞰图

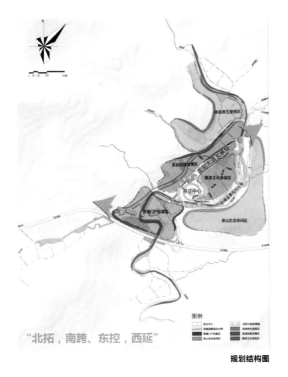

"北拓，南跨、东控，西延"

规划结构图

总平面图

冷市镇距张家界 110km，距离怀化 160km，距离长沙 210km，位于长株潭两小时经济圈，湘北一小时经济圈，武陵山片区两小时经济圈内，良好的区位条件受到长株潭经济圈城市经济、技术、信息的辐射与传播。
既能与湘西知名旅游路线互动，亦能承接来自长株潭城市群的大量客源。

规划区功能定位

以文化体验、商务旅游、时尚创意、高端居住为主要功能的安化"宜居、宜业、宜游"的高品质幸福生活水镇。

规划结构

一轴一带，协同发展；一心五区，整体打造。一带：思模溪景观风光带；一心：茶企中心；五区：黑茶文化体验区、茶居民宿风情区、禅茶养生度假区、茶镇门户形象区、茶山生态休闲区。

湿地风光

北入口广场—方案一

北入口广场—方案二

茶行体验街

规划策略

生态策略：适当牺牲洪涝区域，形成开放空间、公园、湿地景观，打造核心景观区域。

空间特色：整体空间意象

从环境中生长出来：在良好的自然环境衬托下，冷市的建筑风貌应如春笋一般从山水景观中生长而出，减少建筑突兀的风貌设计对环境景观全局性整体性的破坏，加入一些禅意，营造出一种清幽的氛围，实现"靓山纳水，绿野家园"的意境。

文化理念："3+N"文化合集：黑茶文化；梅山文化；休闲文化

商业策划：体验多样化、顾客全龄化、消费全时化·

商业贸易集会区

总体定位

规划区定位为"彰显自然风貌，体验茶旅风情"的冷市慢城客厅。

功能定位以文化体验、商务旅游、时尚创意、高端居住为主要功能的安化"宜居、宜业、宜游"的高品质幸福生活水镇。

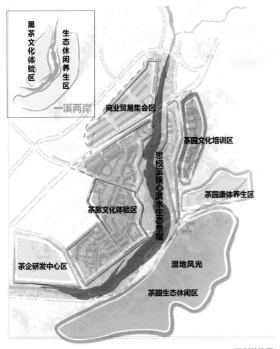

规划结构图

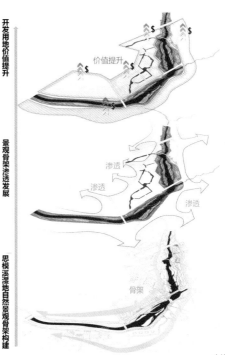

功能构成图

一溪两岸 两环六区

一溪：思模溪核心滨水生态景观

对思模溪河岸进行生态景观改造，完善滨水核心景观，并将景观沿水渗透到城镇内部，从而提升周边区域的土地价值。

两岸：黑茶文化体验区，生态休闲养生区

思模溪西岸是以黑茶文化为主要脉络的文化体验区；东岸是以生态娱乐为主要脉络的休闲养生区域。

两环：滨水休闲环，慢行体验环

内环是内部滨水景观步行廊道，与黑茶文化体验相结合；外环是贯穿六大功能区的步行体验环。

六区：

茶旅文化体验区、茶企研发中心区、商业贸易集会区，茶园文化培训区、茶园康体养生区、茶园生态休闲区。

规划区形象

安化茶溪小镇、冷市慢城客厅。

生长模式

构建湿地自然景观的骨架，并通过其带来的正外部性吸引旅游人群集聚，活跃周边经济，拉动开发用地价值上升，实现景城相融，共同发展。

景观骨架构建　　景观内部渗透　　提升用地价值

全镇形象定位："山水茶乡、慢城冷市"。

本项目形象定位：安化·茶溪小镇。

功能定位：以现代农业为基底、以商贸旅游为主体、以新型工业为补充、综合型生态小镇。

宣传口号

"山水美如斯，茶香惹人醉""亲山近水，品茗冷市""一袭山水，一脉茶韵"。

理念：冷市今天的"市"是历史茶马古道"市"的延续与发展，古今之"市"在此对话，在这里将唱响古的旋律、展现新的风采！

绿色建筑与生态城市研究工作室
THE RESEARCH STUDIO OF GREEN BUILDING AND ECO-CITY

绿色建筑与生态城市研究工作室团队合影

湖南大学绿色建筑与生态城市研究中心是以湖南大学焦胜老师为核心的学术性研究、创作团队。

领军人物：

焦胜，湖南大学建筑学院教授，博士生导师，副院长。中国城市规划学会乡村规划与建设专业委员会委员、中国自然资源学会国土空间规划研究委员会委员、《经济地理》杂志青年编委会委员、《中国地理与资源国情快报（政策版）》编委、湖南省国土空间规划学会副理事长及学术工作委员会主任委员、湖南省国土空间规划发展研究中心常务副主任、湖南省城乡规划学会常务理事、湖南省科技厅"十三五规划"编制专家、湖南省地理学会理事、湖南省绿色建筑专业委员会委员。近期主持国家级项目1项、省级项目7项，发表论文60余篇、出版专著3部、授权专利发明4项。

研究团队：工作室现有研究人员30人，其中博士研究生5人，硕士研究生25人，以学术与实践结合、研究与创作一体为工作方针，形成了一支富有学术创新力、实践创造力的研究创作队伍。

研究方向：城市生态规划、智慧城市规划、乡村田园综合体规划、公共卫生。

在研课题：1.湖南省科技重点研发计划项目《基于时空模拟的重大突发公共安全事件协同防控关键技术与应用示范》，湖南省科技厅，2020-2022。

2.国家重点研发计划项目"赣鄂豫湘田园综合体宜居村镇综合示范"子课题"乡村宜居景观与田园社区融合构建技术研究"，科技部，2019-2022。

3.湖南省科技计划重点专项子课题"智慧湖南国土空间规划关键技术研究：大数据融合更新共享技术研究"，湖南省科技厅，2019-2021。

双牌县茶林镇桐子坳景区详细规划
The Detailed Planning of Tongziao in Chalin Town of Shuangpai County

项目地点：湖南省永州市双牌县茶林镇桐子坳景区

设计团队：阳钊、何瑶、林京、姜娟、王亚琴、叶慧、张邓丽舜、黄丽、唐娜、蒋鹏、胡华蔚、李伟涛、解希磊、张飞红、郭莎、王军贺

本次桐子坳景区详细规划的规划范围东至 216 省道，西至老省道，北至新和村，南至天子山大桥，规划总面积约 2397.70hm²。

本次景区详细规划的期限为 2018-2035 年。

项目总体定位：以千年银杏林游赏为核心，民俗体验和休闲度假为补充。打造集"美学意境、文化诗境、康养生境、神话仙境"四境合一的中国银杏第一村。

项目总体布局："一带四心七区"

一带：即杏山花海游赏带，通过花溪串联景区四大核心。

四心：北入口主要服务中心，以爱杏花海为核心的体验中心，以银杏谷为核心的游赏中心，南入口次要服务中心。

七区：建设重点片区为湘南古韵风貌区、传统文化感悟区、银杏风情游赏区、花海休闲体验区、山体康养运动区、原生森林培育区、田野山居养生区。

项目功能分布：湘南古韵风貌区、传统文化感悟区、银杏风情游赏区、花海休闲体验区、远期拓展建设区。

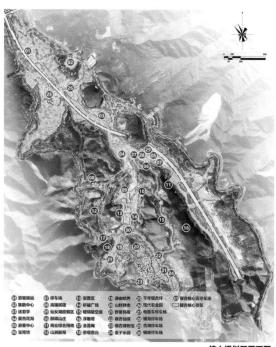

核心规划区平面图

国土空间管控

生态用地管制规则：至 2035 年，规划生态用地为 1790.43hm²，占总用地比例为 74.67%。用地使用应符合经批准的保护区规划；严禁改变山体形态、破坏山体地形地貌、破坏山体轮廓，严禁砍伐植被、开山采石等行为；严禁占用生态林地进行破坏生态景观、污染环境的开发建设活动；废水、生活垃圾严禁随意排放、丢弃；在自然灾害易发区禁止开发活动或对其加以特别限制。

农用地管制规则：至 2035 年，农用 542.86hm²，占总用地比例为 22.64%。一般农田和基本农田应以种植水稻、葡萄等作物为主，非农建设应尽量不占或少占耕地，严禁占用基本农田，确需占用一般农田建设的，需依法办理建设用地审批手续，待手续齐全后方可建设。

建设用地管制规则：至 2035 年，规划建设用地为 64.41hm²，占总用地比例为 2.69%。游览接待用地及商业服务用地优先利用空闲地、耕地质量不高的区域、低效建设用地、闲置地和废弃地，应严格按照相关产业发展用地标准控制相应用地指标，并且严格控制在建设用地边界内；鼓励发展农村电子商务等新型产业，大力推进电商平台等农产品流通基础设施建设；宅基地严格执行"一户一宅"政策，优先利用村内空闲地、闲置地和未利用地，宅基地面积按市、县相关标准确定；建设用地应严格落实国家、省、市各项建设标准、规模，节约集约用地。

核心规划区

以科技教育、田园康疗、花海观光为支撑，打造集"美学意境、文化诗境、康养生境、神话仙境"四境合一的生态休闲度假田园综合体、中国银杏第一村。

由于桐子坳村和新院子村的特殊情况，将两村的道路体系作为一个整体进行考量，依据两村谷地地形的特色，规划形成"省道串联，主路贯通，支路发散"的规划结构。

省道串联：永连公路南北向贯通两村，是两村对外联系的主要交通干道；主路贯通：两村内建设一条南北向主路，道路宽度 5.5m，由新院子村村民活动中心向南连接至桐子坳村银杏谷，道路沿线与永连公路设三处接口；

支路发散：在现状村道基础上，对部分道路进行拓展完善，形成便捷联系各聚居区的次要道路，道路宽度控制为 4.5~3m，每隔 120m 设置一处会车点。

车行道路断面总计 4 类，其中 A 类 10m 为永连公路断面，B 类 3m 为临时车行道路断面，C 类 5.5m 为主要车行路断面，D 类 4.5m 为次要车行路断面。

交通设施规划：共设置两处公共停车场，桐子坳村一处，新院子村一处，桐子坳村景区入口停车场同时服务于村民停车。

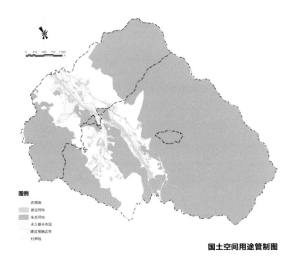

国土空间用途管制图

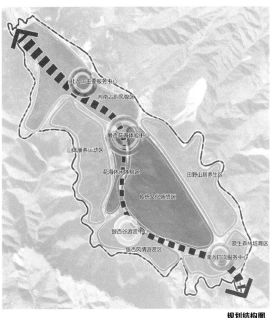

规划结构图

183

道路交通规划图

宝青坊效果图

侧状居民点改造

醉蝶山庄鸟瞰

核心区项目详细规划

给水设施规划图　　　　**排水设施规划图**

给水设施规划：规划由天子山取水点铺设 PE150 管道连通至银杏仙境南部、老省道上的自来水处理设施。铺设供水主管管径 PE125 沿主要车行道和步行路线连通至新院子村，铺设 PE50-75 支管连接两村各需水点。

排水设施布局：根据污水处理厂按近期、管渠按远期布置，污水处理设施按照"宜集中则集中、宜分散则分散"原则布局排水设施。由于景区各区比较分散，不同区域高差为 10~40m，根据景区分布图，将景区分为 7 个汇水分区。

醉蝶山庄：地块坐落于规划区中部，花田南部，是集旅游观光、休闲度假为一体的生态休闲农庄。采用环形＋直线路网，会议建筑采用环抱形式，底层停车，旺季时很好地疏散人流。运用中轴山水艺术景观序列，呈现出中端餐饮—高端娱乐—高端会议逐级上升的商业业态。

仙女湖度假区：定位为中高端居住区，分为三个片区陆续开发建设滨水民宿建筑群，其中根据不同人群需求设计户型与相关配套设施。

仙女湖度假区鸟瞰

山野静舍鸟瞰

析福广场效果图

住房布局规划图

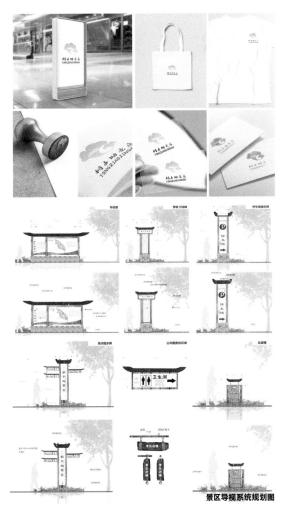

景区导视系统规划图

山野静舍：对下承接果园采摘项目，往上则是银杏观赏核心区。功能分区分为四个部分：餐饮服务区、休闲体验区、农舍居住区、手工体验区。

基本原则：农村住房建设，应当遵循规划先行、一户一宅、因地制宜、生态环保的原则，体现当地历史文化、地域特色和乡村风貌。

境设计研究中心
ENVIRONMENT DESIGN RESEARCH CENTER

境设计研究中心团队合影

境有空间、时间和人三重复合字义结构。在境的形成过程中，人既是境的创造者，也是境的感受者。面对有限的空间、时间和无限的感受，只要创造境的人有美好的心境和境界，就能让意境和境品成为筑境人和境中人的共同感受。我们愿意也坚信能够在未来筑境的路上，与所有境中人一起风雨兼程，无惧艰辛，让心中共同的意境变成共享的实境。

团队研究方向：

1.EPCM 模式理论与实践

以产业整合的方式，全过程一体化地实施项目的策划、规划、设计、施工、造价、管理、维护，实现项目各方面效益的最佳化。

2. 城乡规划、城市设计与空间结构研究

采用地理学和 GIS 方法，研究城乡空间结构要素间的互动机理和演变的动力机制，为城乡规划和管理提供科学依据。

3. 风景园林规划设计及其相关理论

研究基于城市视角的景观规划理论和设计实例研究，风景园林学科发展理论和人才培养机制。

4. 创新设计理论与案例研究

主要以概念与创新设计理论为基础，结合实际案例探索城市与乡村建筑的设计理论和发展趋势。

一方宅实景鸟瞰图

一方宅栈道实景图

一 方 宅
Yifang House

项目地点：湖南 长沙 青山铺镇
设计团队：叶强教授工作室

一方宅位于湖南省长沙县青山铺镇，项目采用EPC设计施工总承包的乡村建造模式，在尝试新的设计模式的同时，探索出一种朴素情怀的乡愁呈现。将湖南传统乡居的院落、退台和吊脚楼形式提取出来，与带有记忆特征符号的建筑符号象征一同用于建筑体量的塑造上，同时用现代化的构造方式与传统的砖材料砌体，寻求乡村住宅建筑的独特语言，利用现代建筑的构造方式，一方宅作为媒介，表达出业主期待回归农村生活的惬意与闲暇。

一方宅由寓意业主律师职业特征的"方"，置于场地边缘的"宅"，以及能看星星与萤火虫的诗意化连廊串联而成。清水混凝土的框架建构，红砖肌理的材料呈现，献给接受了城市化洗礼之后仍然保持着那一份乡村性的当代工匠精神。

一方宅实景图

建成效果

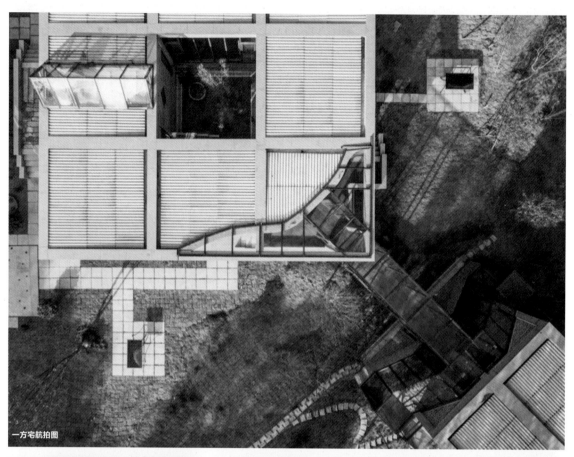

一方宅航拍图

玻璃栈道

玻璃栈道鸟瞰图

夜景效果

建筑夜景效果

消解体量、联系风景成为解题的应对之策。将湖南乡村建筑空间结构的典型特征——中间院落、逐级退台和吊脚楼的结构形式应用到建筑中。方——方形九宫格寓意律师的职业特征，曲线体现法律人情关怀的一面，也是对场地边界特征的一种回应。将"宅"置于场地边缘，消解于风景之中，再利用一连廊与"方"联系起来。整个建筑功能围绕内院形成空间的流动性，满足所有的现代化的乡居生活；同时满足父母、三姊妹及小孩居住的需求。

入口夜景效果

西立面实景图

建筑鸟瞰图

澳优食品与营养研究院限时限价改造

Time and Price Limit Reform of Aoyou Food and Nutrition Research Institute

设计地点：湖南 长沙 望城区
项目团队：叶强教授工作室

澳优董事会计划将位于长沙市望城区工业园内一栋老旧失修的办公楼北侧改造成与国际接轨的食品研究中心，改造面积 1400m²，需要在 2018 年 5 月 17 日投入使用并迎接国家级食品安全检查，总投入控制在 350 万元以内。前期由于甲方对 EPC 模式的不理解，与其博弈探讨合作模式花费掉 30 天时间，中间扣除 10 天春节假期，从 2018 年 1 月 26 日签订 EPC 合同到 5 月 17 日交付使用仅有 101 天的时间。如按正常流程推进几乎是一项不可能完成的任务，如此紧张的时间、紧张的预算与如此大的改造难度，极大地考验着这场设计师总负责制的实验。

西北角实景图

文化墙实景图

入口庭院实景图

设计效果

楼梯间区将澳优从创建以来到至今开发上市的上百种产品的包装罐分阶段堆叠在一起，形成一片抽象艺术产品展示墙。

北向大进深空间的不利条件，让我们思考通过构建阳光庭满足冬季对抗寒冷的需求。大厅当中的S形组合办公柜体与上部定制的磨砂灯片交相呼应。

横向的通透性是办公人员之间交流的保障，通过这个视线通廊，外界的绿色景观可以直达室内大厅空间。

红砖墙实景图

办公区实景图

屋顶实景图

屋顶廊架实景图

天井实景图

连廊实景图

项目基地区位图

炉观镇

湖南省·新化县

同心圆实景鸟瞰图

同 心 圆
Concentric Circles

设计地点：湖南 娄底 新化县
项目团队：叶强教授工作室

项目背景

场地位于湖南中部地区新化县的山区，离紫鹊界梯田仅 10 余千米。地块背靠竹林，面朝群山，场地下面的山沟之中有一条溪流穿过。

湖南乡村大部分以散村的形式存在，相互独立又相隔不远，形成湖南特色的民居环境。

场地内高差较大，属于典型的坡地地形；奉修家族五代同堂，建筑以家庭为单位，相互关联又各自独立。如何限时限价地完成共建，满足 5 个家庭的生活需求，探索适合湖南本土环境的民居住宅，已经从地理环境与乡村社会构成中找到了答案。

面对自然与传统，设计建造的宗旨源于对乡村朴素的传统特质敬畏与尊重，对原有生活方式的依赖与还原。沿袭传统的建造方式，追求质朴的设计美感，以实现秉承传统、少即是多、激活乡村的设计策略。

屋顶实景图

建成前项目基地地图（1）

建成前项目基地地图（2）

坡下空间

保留树木 Preserve trees

1.茶室
2.会客厅

玻璃走廊

首层平面图

入口夜景图

玻璃走廊夜景图

玻璃走廊外景图

经过多次去到现场踏勘测绘，对用地与树木进行准确定位以及对不同台地的原始标高反复确认，最终设计布局是在对无数种可能性进行尝试之后，最契合于地块的答案，以秉承最低程度破坏自然的原则。

大小的窗户与走廊更像是一个取景器，将周边的景收入框中；而建筑材料内外的一致性也模糊了内与外的界限。

红砖的细部处理是出于将房子表达为一个灯笼——光可以透过孔隙穿过密林透出，将朴素的建造呈现出一个虚实相生的层次。

室外夜景侧面图

夜景效果

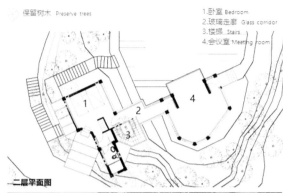

保留树木 Preserve trees

1.卧室 Bedroom
2.玻璃走廊 Glass corridor
3.楼梯 Stairs
4.会议室 Meeting room

二层平面图

室内夜景图（1）

室内夜景图（2）

室内夜景图（3）

室外夜景图

入口广场实景图（1）

入口广场实景图（2）

湖南大学工训中心园区育人环境建设工程设计
Engineering Training Center Park of Hunan University

项目地点：湖南大学
设计团队：叶强教授工作室

湖南大学工训中心源于1953年组建的湖大直属校办工厂，是湖大人关于大学校园环境与校办工厂的集体回忆，是一种比物质财富更有价值的精神和心灵财富。

基地紧临湘江之滨，岳麓山脚，自然环境优越，文化底蕴深厚，但空间形象与环境设施已不能满足现代校园需求；同时，校园用地紧张，如何提高既有存量空间的效率和品质，成为重要且紧迫的命题。2018年4月，恰逢工训中心被定为湖南大学迎教育部教学评估第一站，基于存量更新的园区育人环境建设和提质改造工程正式启动。工程范围总用地面积22239m²。

终点广场实景图

广场实景图（1）

工训中心既传承了老校办工厂的历史风貌，又具有现代工程教育创新开放的精神内涵；既有体现湖大传统建筑风貌的红砖老厂房，又有现代化的国家重点实验室；既有 20 世纪的旧机器，又有当代智能制造的新设备。对场地记忆的尊重、更新和重现，对历史和现代的结合与延续是设计概念的主要来源。以 20 世纪 50 年代至 80 年代的机器故事展览为主题线，重新激发旧机器的新价值，结合传统花格红砖墙，形成整个园区的历史文化展示轴和时间回忆背景，实现存量资源的功能更新与空间优化。

入口广场夜景图

广场实景图（2）

广场实景图（3）

　　设计以更新和激发存量空间资源利用效率和空间活力为主要实施目标，以尊重和展现基地历史人文景观为主要构思原则，以清水红砖墙、清水混凝土、自然绿植和透明玻璃为主要设计元素，更新旧机器和老厂房的文化和功能内涵。运用创新手法重点解决设计难点。

广场实景图（4）

原火车南站实施实景正面图

原火车南站实施实景侧面图

湘江大道南段滨江风光带景观规划设计
Landscape Planning and Design of Riverside Scenery Belt in the South Section of Xiangjiang Avenue

项目地点：湖南 长沙
设计团队：叶强教授工作室

长沙湘江大道南段滨江风光带位于橘子洲头的东南方向，全长 4km。该段原为重要的煤炭流通基地——建于 1934 年的长沙火车货运南站，属于交通运输基础设施类的工业遗产。2007 年南站停运并被拆除，目前仅留下八道煤码头、长沙物资储运工贸有限公司专用线和液化气运输码头，完全被损毁的货运站台缺乏原始资料和文献，仅有少量摄影照片可供参考。在信息源的完整度与真实性存在疑问时，需要回应的是项目如何对已损毁的遗产进行重建？如何对现有遗存进行保护？如何对当代需求进行回应？

最终，我们决定采用"无为"的设计策略，传承、修复与保留记忆以形式、空间、细部等直观的符号要素通过体验的方式被唤起，通过传承准确的场地基因、重建被拆除的站台、以有限介入的策略修复八道煤码头、保留体现历史痕迹的各种代码，让整个场所记忆得到最大化复原，从而与受众建立起深层次的情感沟通。

原火车南站实施实景图

区位分析图

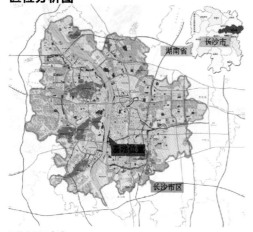

区位分析图（1）

区位分析图（2）

项目位于湖南省长沙市湘江风光带西岸南段，本段设计区域的景观特点是背景植被保护较好，中间是城市主干道道路，西面是湘江，沿江遗迹景观分布较广且延伸至江中。

现状分析

长沙市湘江风光带由沿湘江东西分布的两条景观廊带组成。目前已经完工的部分有西岸的南段和东岸的北段，西岸的北段正在建设之中，东岸北段和西岸北段风光带的特点是城市道路与湘江之间有较大的距离，背景均为高大而丰富的城市建筑景观，风光带景观设计的尺度较大和较为人工化、大型化。西岸南段则以堤岸植物绿化为主。

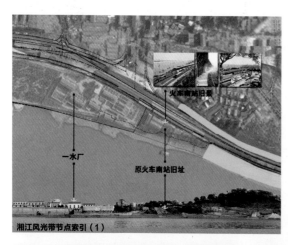

湘江风光带节点索引（1）

湘江风光带节点索引（2）

现状平面图

滨水堤岸设计效果

滨水堤岸实景图（1）

滨水堤岸实景图（2）

滨水堤岸实景图（3）

在原火车南站广场和八道煤码头遗址的设计中，应用类型学方法，从原有的空间位置、站台形式结构中提炼设计要素，延续地域文化的同时又结合了本项目的功能和现代的设计风格，在"有为"和"无为"设计理念的指导下，实现了在快速城市化过程中，唤起人们对近现代历史文化遗产的价值认同，积极探索让近现代历史遗迹焕发新机的保护方法。

湘江风光带码头实景图（1）

湘江风光带码头实景图（2）

湘江风光带码头实景图（3）

HSY 设计研究工作室
HSY DESIGN AND RESEARCH STUDIO

HSY 设计研究工作室拥有教授 1 人，副教授 2 人，建筑学、城乡规划学等专业博士研究生 9 人，硕士研究生近 30 人。

近年来，团队深耕湖南省特色小镇、历史街区及传统村落保护与发展领域设计与研究工作，包括主编出版多部湖南传统建筑丛书：《中国传统建筑解析与传承（湖南篇）》《湖南传统村落（第一卷）》《湖南传统建筑》《湖南传统民居》等；主持古丈县 11 项传统村落保护发展规划、安化县马路镇城市设计及历史街区保护规划、夏家湾民居环境设计等多项实践项目；承担韶山市文旅广体局《湖湘传统建筑文化研究报告》等多项专题研究。

翁草村自然风光

翁草村古村落群

古丈县默戎镇翁草村传统村落保护发展规划
（ 2016-2030 ）

湖南省古丈县默戎镇翁草村传统村落保护发展规划
Protection and Development Planning of Traditional Village

设计地点：湖南省湘西土家族苗族自治州翁草村
项目团队：何韶瑶等

在本课题中，团队以中国乡村振兴为背景，以保护湖南省古丈县翁草村历史文化遗产、继承和发扬优秀历史文化传统为目标，通过整合传统村落价值，激活传统村落的地域特色文化、环境、建筑等资源，指导翁草村村落保护与村落的协调发展，统筹安排村落的各项建设，特编制《湖南省古丈县翁草村传统村落保护发展规划》。

翁草村是苗族主要聚居山寨。"翁草"原名为"五槽"，四周为山脉环绕，中间夹着一个形似小槽的椭圆盆地，分别从东西南北及东西方向五座山脉向盆地内进伸，村名由此而来。2016 年，翁草村入围第四批中国传统村落。

本次规划以翁草村聚落保护为主体，同时涉及村落内的古树、梯田、民居等依托的自然生态环境、人文环境以及非物质文化遗产等。规划范围包括翁草村聚落主体以及周边的山体、河流等，面积约 56hm²。

本规划期限为 2018 年至 2030 年。

翁草村传统村落价值特色包括：（1）苗族聚居，是苗族主要聚居地之一；（2）山体环绕，村中还有一条溪水穿过，自然景观十分优美。翁草村山林环绕，居民屋前屋后都有树木，村头村尾可见梯田景观；（3）村落历史风貌格局犹存，翁草村内自然山水格局保存完好，村寨整体格局风貌尚存；（4）民俗特色、非物质文化遗产多彩传承。

村落内民风淳朴，民俗文化浓厚，苗族文化积淀丰厚，风格独特。刺绣、蜡染、扎染、民居工艺盛行。翁草村有着深厚的民族传统文化。每逢"赶秋""重阳""春节""元宵""吃新节"（粮食开始成熟时，新粮食新）等重大民族节日，村民都要舞狮、打猴儿鼓、办文艺晚会来庆贺节日，苗歌更是村民离不开的日常娱乐，"手上活、口中歌"，苗歌对唱到处可见。民间有放蛊、收蛊等神秘巫术，有治疗乙肝、结石病的民间医药。苗拳、苗族鼓舞，风格独特，动作优美，闻名遐迩。

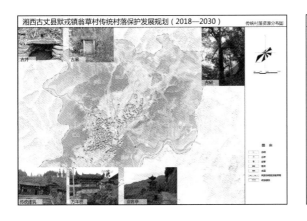

保护与发展原则

（1）保护历史环境原则；（2）地域特色保护原则；（3）保护发展中合理利用、永续利用原则。

保护与发展总体框架

（1）建立自然风貌、传统村落、聚居区域传统建筑三个保护层次的保护框架；（2）对村落内文化遗产和非物质文化遗产提出原则性保护要求；（3）在保护的基础和前提下，改善村民的居住环境，规划村落的未来建设发展。

保护内容

对历史建筑和传统风貌建筑保护范围的划定，传统村落整体风貌保护，历史山水格局的保护，居住环境整治，传统文化的继承与社会经济的协调发展等。具体包括：（1）村落内聚集度高、品味较高的翁草苗寨；（2）村落内古树名木、森林植被；（3）村落内自然地形地貌；（4）村落内山体、溪涧水体等自然山水形态。

保护与发展重点

（1）保护村落内各级文物保护单位和传统建筑；（2）保护重要的自然山水；（3）保护非物质文化遗产，延续发展翁草传统风俗、节日；（4）提高和完善村落内基础设施和公共服务设施，规划村落未来的建设发展。

遗产构成

1.物质文化遗存包括自然环境、聚落格局、公共建筑、居住建筑、附属陈设、文献资料等。

（1）自然环境：以山水为主的自然遗产，包括动植物资源等一切生态环境要素。聚落依托的山水格局，地形地貌等均作为重要自然遗产予以保护和利用。

（2）聚落格局：村落内部自然形成的居住格局，以及"以农田为中心"的农耕文化布局。

（3）建筑及附属陈设：所有的传统民居建筑、牌匾、雕饰、家具陈设等。

（4）文献资料：老旧照片、文字资料、录像等。

2.非物质文化遗存包括耕作（农耕文化）、手工艺、民俗活动、传说等等。

其中，物质遗存是遗产的核心部分，非物质遗存则是遗产活态性的主要体现。重要的宅院建筑、公共建筑应核定为文物保护单位，并及时予以保护与维修。

保护范围划分

保护范围划分为三级：核心保护区、建设控制地带及风貌协调区。

（1）核心保护区

将大部分有保护价值的传统风貌建筑群集中连片划入核心保护区，以保护聚落本体环境为主。按照建筑基址向外延伸20m划定，约10.54 hm²。

（2）建设控制地带

以控制周边区域新农村建设为主，主要包括聚居区周边既有及规划未来村落发展建设用地和农田。保护聚落所依附的自然生态环境，即沿聚居地及周边农田、道路等，向外延伸50 m划定。区域面积约13.86 hm²。

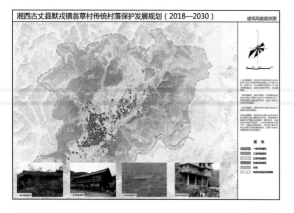

湘西古丈县默戎镇翁草村传统村落保护发展规划（2018—2030）　建筑风貌现状图

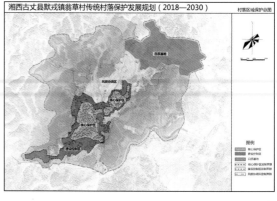

湘西古丈县默戎镇翁草村传统村落保护发展规划（2018—2030）　村落区域保护总图

（3）风貌协调区

以保护聚居地所依附的自然山水格局为主的生态环境，包括山体覆绿情况，水体和水体的污染控制及保护以及后续建设过程中一切环境影响因素。面积共计约 31.6 hm²。

土地利用原则与目标

（1）根据保护与发展并行的原则，通过对土地使用的合理调整，更好地保护与塑造具有苗族特色的村落风貌，发展文化及旅游事业，改善居民生活环境。

（2）规划应遵照科学、合理、可操作相结合的原则，按照新农村规划标准进行土地布局，完善各项设施配套，做好村落内新旧功能互补的作用，调整完善村落的空间布局，注入活力，恢复村落原有传统风貌。

村落保护框架结构

（1）一轴

村落发展主轴，向北延伸到村落白茶基地，向南建设村落新村。

（2）一带

沿河景观带。

（3）两心

综合服务中心、综合服务副中心。

（4）大片区

两个村落风貌核心保护区、两个综合服务片区、一个新村建设区、一个农田观光区。

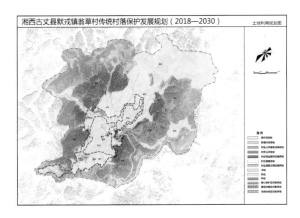

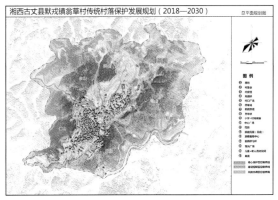

丘陵城市规划研究中心
HILLY URBAN PLANNING RESEARCH CENTER

丘陵城市规划研究中心团队合影

丘陵城市规划研究中心始于 1999 年，先后依托于湖南大学建筑学院和湖南大学设计研究院成立，我中心致力于研究探索丘陵地区城镇规划地域化、科学化、合理化的方法，解决丘陵地区城镇发展与自然环境约束之间的矛盾，以保护地方特色与山水格局为核心，力求在实践中落实低影响开发、可持续发展、韧性城市等理念，充分保护和发挥丘陵城市"望得见山、看得见水"的特色优势。

丘陵城市规划研究中心目前由湖南大学建筑学院副教授、湖南大学设计研究院总规划师、高级工程师许乙青担任研究中心主任。研究中心团队成员有副教授 3 名，助理教授 2 名，高级工程师 2 名，工程师 2 名，在读研究生 20 名。自2012 年以来，主持省部级纵向课题 1 项，横向课题 120 余项，在《城市规划》《中国园林》《规划师》*Science of the Total Environment*、*Compute*、*Environment and Urban Systems* 等杂志发表论文数篇，已培养丘陵城市规划设计与理论方向硕士研究生 50 余人。

张家界中心城区城市设计导则
Guidelines for the Urban Design of the Central District of Zhangjiajie

设计地点：湖南省张家界市
项目团队：丘陵城市规划研究中心

城市空间形态引导

1. 山体保护

（1）南望天门山

保证从澧水北岸观看天门山的视线，整体控制澧水河南岸建筑轮廓线高度低于天门山山脊线的 1/3，局部标志性建筑可以有突破。

主要原则：北岸眺望点能观测到完整的天门山山脊线三分之一的高度。

眺望体系：眺望点（9个）；视线廊道（3条）；视域控制面。

（2）北望山坡

现状已有若干建筑遮挡区域，通透区域控制新建建筑高度不得超过山坡的山脊线。

主要原则：南岸眺望点和重要视廊能观测到北岸山坡坡顶的山脊线（大栗山、子午坡、回龙山和月斧山）。

眺望体系：眺望点（9个）；视线廊道（3条）；视域控制面。

2. 水系保护

（1）以水为核，构建向水慢行廊道

增加城市向水的慢行廊道，将市民活动方便引导到滨水的公共空间节点。

（2）敞开澧水滨河带

重点控制澧水两岸，起于南环线与枫香岗交汇处，止于北环线与高速交会处，河道长度约29.5km。主要控制滨水建筑后退、滨河建筑高度，尽可能地保护水系。

澧水北岸观察视角

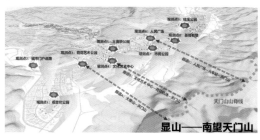
显山——南望天门山

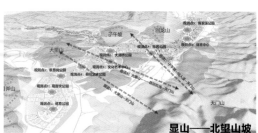
显山——北望山坡

彰显城市山水特色：张家界是典型的山水特色城市，拥有美丽的山际线、水际线，山水正是城市蕴含的珍宝，重视山水的利用和保护，能够凸显独特的城市魅力。在城市重要的公共开敞空间（滨水岸线、市民广场、临水商业等），通过控制建筑高度、密度，打通视线廊道，使前景建筑与背景山体形成相互融合的匹配关系。

完善城市公共空间：亲水空间的营造是利用城市水体的主要方式，结合河流、溪流、内湖等水域的不同特性，沿岸通过合理的绿化栽植、精致的景观小品设置、特色的生态设计手法等，展现丰富多样的亲水空间，将居民生活与"水"联动起来。

管控城市景观风貌：对于历史街区、历史建筑，严格复古原有风貌，能住人、开店等用的古屋，都精心维修，一如从"时光隧道"返回往昔生活；对于新建城区，根据城市各项因素定义组团建设风貌。对于城市的传统街区来说，因其历史悠久，知名度高，极富特色，应该保留其原风貌，使之成为集旅游、怀旧、购物、拍影视剧等于一体的特色街区。

张家界实景

三维形态模型

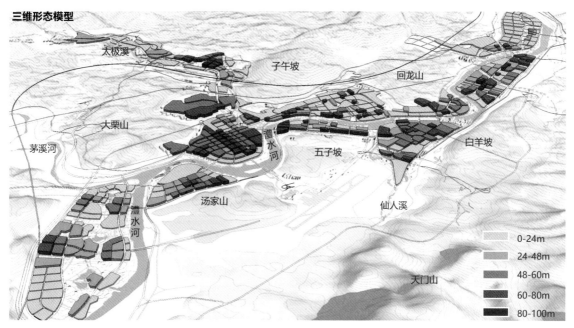

	0-24m
	24-48m
	48-60m
	60-80m
	80-100m

建筑高度模型构建：首先建立基准高度模型，通过叠加土地价格因子、道路交通因子、服务设施因子、生态环境因子来构建潜力模型，最终通过空间形态修正来得到城市高度模型，最大程度地保护山水格局。

城市功能空间布局与建筑风貌控制

1. 开放空间体系
（1）布局理念：挖掘"近可探水、远可望山"的点状开放空间；打通"山水相连"的线状开放空间。
（2）布局结构："一带众园多廊"的规划结构：澧水风光带统领，疏通多条绿化廊道，为市民提供近山亲水的休闲场所。
2. 慢行空间体系——"两环六带"的总体结构
片区风貌定位：以山水特质和国际旅游城市为前提条件，既传承地方人文和民俗，又体现时代特征的多元文化风貌。
根据每个组团的主体功能，对城市九个组团进行了特色风貌定位，使城市生产、生活、生态空间协调发展。

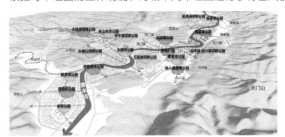

开放空间体系

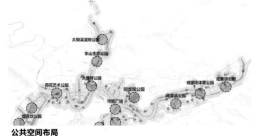

公共空间布局

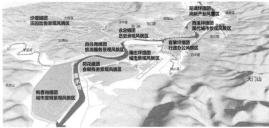

片区风貌定位

慢行空间体系

一带——澧水河滨水风光带

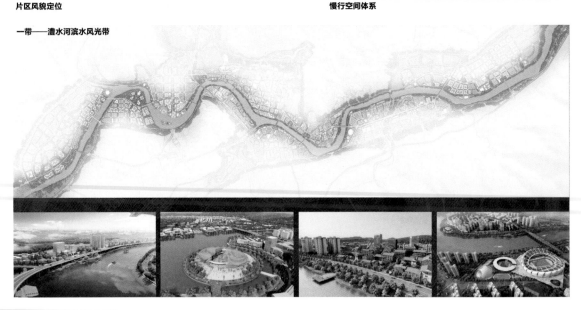

溆浦县中小学校幼儿园布局专项规划
Special Planning for the Layout of Primary and Secondary School Kindergartens in Xupu County

项目地点：湖南省怀化市溆浦县
设计团队：丘陵城市规划研究中心

规划内容

本次规划内容为溆浦县中小学及幼儿园教育设施布局。主要包括学前教育设施、义务教育设施和高中教育设施（含职业高中）。本次教育设施规划在对溆浦县教育设施现状调查分析研究的基础上，对教育事业的发展趋势、需求情况等做出判断，提出规划期末教育设施的合理规模和科学布局。

规划思路

本项目基于溆浦县教育设施需求与供给平衡的视角，运用"发现问题—分析问题—解决问题"的工作思路，建立完善的教育设施空间布局体系网络，实现教育资源的科学化布局。重点包括三个方面的内容，即指标确定、规划布局和空间落地。

指标确定：教育设施布局规划指标体系主要包括班额人数、千人学生数、服务半径、生均建筑面积和生均用地面积等。其中，班额人数和服务半径在各类规范中的规定相近，而且在实践中也反复验证了其合理性，行业内对这两个指标基本达成共识；生均建筑面积主要是建筑学科的研究内容，在教育设施布局规划时大多为直接引用；千人学生数、生均用地面积代表着教育设施需求与供给的辩证关系，已经成为教育设施布局规划指标体系中的关键因素。

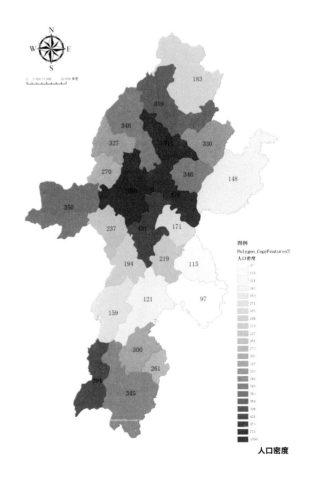

人口密度

规划布局：本着差异化与标准化相结合的原则，对溆浦县（县城和县域各乡镇）教育设施进行合理、准确的空间布局。教育设施布局规划是在总体规划指导下的专项规划，科学的空间布局能够避免总规中公共服务设施出现不均等的现象，同时也能够更好地协调总规与教育设施专项规划的合理性与科学性，促进城市总体规划实施，提升城市总体规划对城市发展的指导作用。

空间落地：本着因地制宜、设计结合自然的原则，同时根据规划布局的相关要求及有关标准规范，从土地出让、生活圈服务半径的角度出发，结合学校现状，对相关学校进行扩建、迁建、撤并、新建等，进而确定不同学校的办学规模、用地规模和具体用地界线，将规划布局落到实处，满足本项目的基本诉求。

教育设施规模预测

溆浦教育设施的规划从城区出发，合理估算城区所需服务的各类学生数，并建立与之相适宜的学校设置标准，结合现状确定需要配建学校的数量和规模。因此，需要确定的指标包括：预测学生人数所需的"千人指标"、学校设置标准中的学校规模和班级规模、生均面积指标。

总体布局

1. 学校布局应注重刚性与弹性相结合的原则
教育设施布局规划是在总体规划指导下的专项规划。本规划在充分预测所需学位的基础上，对于总体规划已经做出的用地进一步做出刚性要求。在用地不能落实的条件下，本规划重在明确学位的供需关系，找出用地缺口，以指导控规编制。

2. 学校布局应考虑差异化与标准化相结合的原则
县城一方面人口密集，就学需求较大，另一方面用地紧张，可以提供的教育空间资源十分有限，挖掘难度极大。现状学校改造建设所能达到的标准难以达到国家的正常要求。因此必须从实际出发，制订合理可行的规划标准。

3. 学校布局应考虑远期与近期相结合的原则
考虑到溆浦县城现状的问题，特别是老城区大班额现象严重，生均用地面积严重不足等现象，要一次性完成大量的转变可实施性难度大，因此，本次规划教育设施应根据中心城区发展实际情况实施分期建设。待条件成熟时逐步完善教育设施。

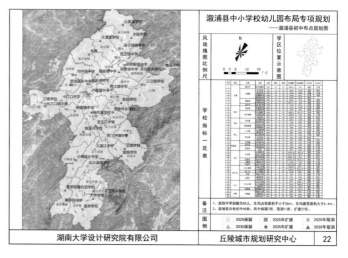

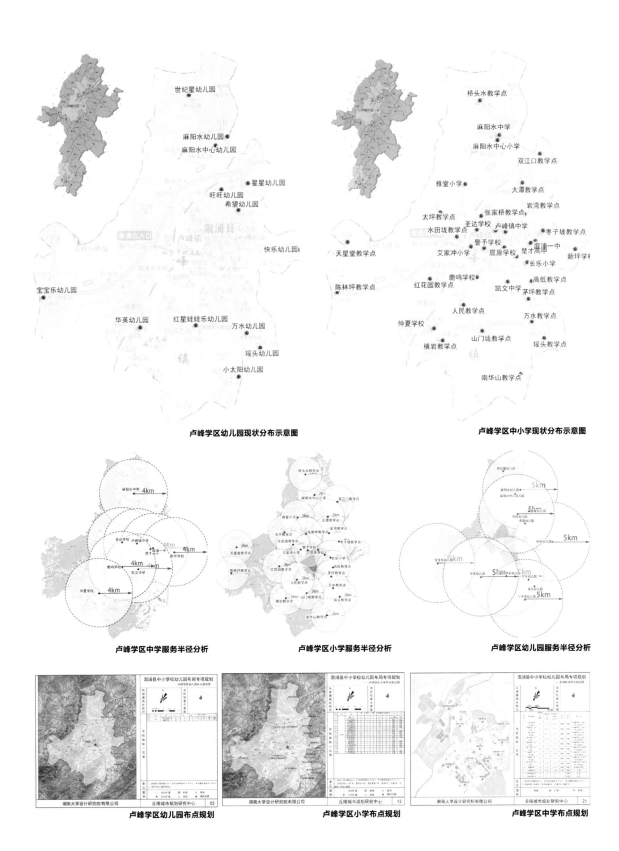

卢峰学区幼儿园现状分布示意图

卢峰学区中小学现状分布示意图

卢峰学区中学服务半径分析

卢峰学区小学服务半径分析

卢峰学区幼儿园服务半径分析

卢峰学区幼儿园布点规划

卢峰学区小学布点规划

卢峰学区中学布点规划

全州县城北新区控制性详细规划及城市设计
Regulatory Detailed Planning and Urban Design of the North New District of Quanzhou County

设计地点：广西壮族自治区桂林市全州县
项目团队：丘陵城市规划研究中心

全州县位于桂林市东北部，地处湘江上游，素有"广西北大门"之称。本次规划地块位于全州县城城北新区，该地块毗邻322国道，距离高铁站约4km，总体交通区位条件优越。

基地现状分析
规划区为丘陵地貌，整体平缓开阔，局部有小丘，高程在140~180m。基地西侧有连绵的小山体，东侧有湘江，整体山水条件较好。
规划区整体的建设开发主要集中在北环大道以南，主要进行了部分的公用设施建设和房产开发，而北环大道以北主要是耕地和零散的村庄建设用地，还未进行相应的城市开发建设，整体自然条件较好。

基地区位

基地现状

规划定位及设计策略

本规划将城北新区功能定位为：以居住功能为主，集金融商贸、教育科研、行政办公于一体的现代化城市新区。

1. 城市肌理——疏密有致

不同的城市和地区，因环境、功能等条件的不同，形成了每个城市独特的空间图底肌理特征。商贸组团在尺度肌理上侧重于尺度肌理的"密"，而居住组团则因对环境品质的高标准要求，更注重尺度肌理的"疏"。

2. 交通组织——绿色高效

优化完善道路功能和路网结构，打造层次分明、等级明确、功能清晰的道路网络体系。建立完善的慢行绿道交通网络，引导市民向"公交 + 慢行"的组合式出行方式转变，实现车行道、慢行道、绿道三道融合。

3. 景观格局——山水相映

青山入城——保留基地内现有的山体，并对部分已被破坏的山体进行修复，使得各山体在视觉上连续，营造"青山入城"的城市意象。对基地内的山体进行综合开发利用，建设山地公园，与县域内诸多山体共同构成"远山为屏，近山为园，山山相连"的山体格局。

以水为脉——在基地内部，对原有的水系进行保护、修复、开发利用，形成生态廊道。依托湘江打造沿江风光带，部分节点地区可在原有水系的基础上建设口袋公园，通过水系将其有机串联，与山地公园、街头绿地等共同形成蓝绿交织的生态网络体系。

4. 功能业态——多元活力

合理布局城市各功能，打造宜居、有活力的城市地区。

规划分析

1. 规划结构

规划形成"五区、两带、三轴、四心、多节点"的功能结构。

五区为"生态居住区""中部宜居休闲片区""滨江品质居住区""南部综合服务片区"以及"汽贸仓储片区"；

两带为"山体公园风光带"和"滨江休闲带"；

三轴为南北向"桂黄北路发展轴"和东西向"桂北大道发展轴""北环大道发展轴"；

四心为"文化活动中心""综合服务中心""商业购物中心"以及"汽贸仓储中心"；

多节点是指沿滨江大道和风光带打造多个节点。

2. 绿地景观规划

规划以湘江及其支流、西部山体带为景观系统的基础，保护原有生态，整治景观形态，植入文化要素，构建山水城渠岛的城市景观结构骨架。

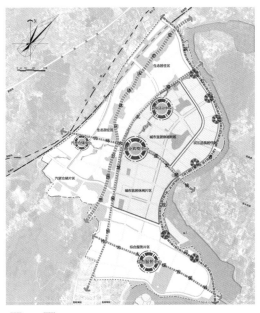

规划结构

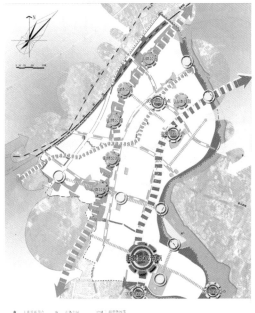

绿地景观规划

223

土地利用规划图

土地利用规划及城市设计

规划结合现状建设情况和现状自然条件，考虑城市发展诉求，对城市各功能进行合理布局。在土地利用规划的基础上进行城市设计，进一步促进用地的落实。

总平面图

鸟瞰图

溆浦县城控制性详细规划
Detailed Regulatory Planning of Xupu County

设计地点：湖南省怀化市溆浦县
项目团队：丘陵城市规划研究中心

溆浦县卢峰镇位于溆水中游、湘黔铁路复线上，铁路距怀化市 101km，人口 11 万人，为全县政治、经济、文化中心。湘黔铁路复线横贯县境 80km，320 国道及 S308、S224 省道纵横全县，连通南北。

规划范围及现状用地

规划范围包括卢峰镇镇区及部分村庄，总面积为 29.10km²。其中，城市建设用地面积为 20km²。

中心城区范围内的总用地面积为 2892.67hm²，其中建设用地面积为 1008.57hm²，占城乡总用地面积的 34.87%；非建设用地面积为 1884.10hm²，占城乡总用地面积的 65.13%。现状的建设用地主要为城乡居民点建设用地，其建设用地面积为 1008.57hm²，占城乡总用地面积的 34.87%，主要为城市建设用地，城市建设用地面积为 1008.57hm²。

用地布局

规划范围内用地布局结合功能分区，考虑现状开发情况及与周边区域关联发展的特点，形成以居住和行政办公为主的用地结构，总体上形成功能明确、相对独立的科学合理的用地布局。

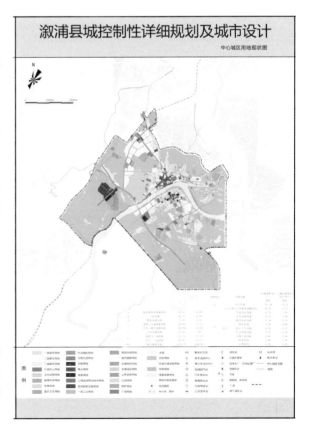

溆浦县城控制性详细规划及城市设计
中心城区用地现状图

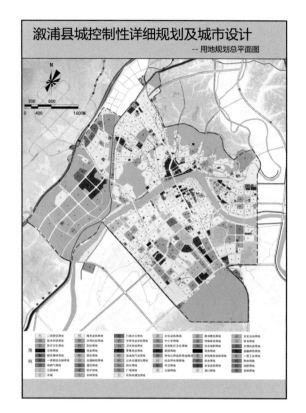

溆浦县城控制性详细规划及城市设计
-- 用地规划总平面图

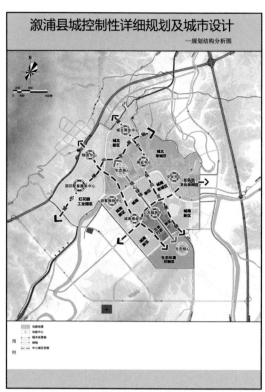

溆浦县城控制性详细规划及城市设计
一规划结构分析图

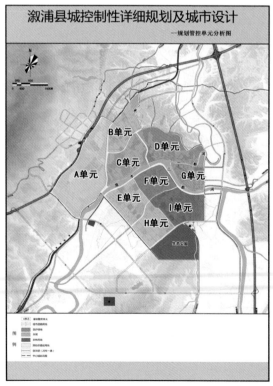

溆浦县城控制性详细规划及城市设计
一规划管控单元分析图

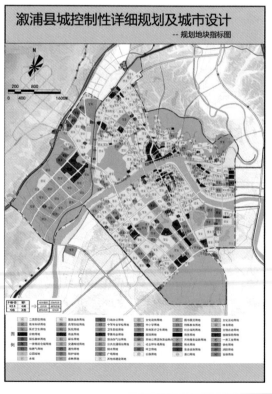

溆浦县城控制性详细规划及城市设计
-- 规划地块指标图

规划结构

溆浦县城控规基本延续总规的整体结构，进一步拉伸框架，重点加强三大县区级中心，打造多中心结构，缓解老城压力，最终规划形成"一带五轴、七区多点"的功能结构。

总规到控规的传导

总规指标向控规的传导主要体现在对土地的开发控制上。溆浦县城建设用地控制分两个层面：管理单元层面和地块层面。

1.管理单元控制

根据城市总体规划确定的用地性质，确定单元的主导功能和土地使用性质。细化建设用地分类，用地划分以中类为主，小类为辅，便于管理和控制，形成一个有机的整体。本次规划根据溆浦县城山水格局、主要干路及生活圈划分等，将县城共划分为 9 个控制管理单元。

2.地块层面控制

地块层面控制包括土地使用控制，土地容量控制，交通控制，强制性用地控制及奖励措施五大方面。

容积率定量研究

1.容量控制指标

土地开发强度的控制通过容积率和建筑密度两项指标来控制，通过相关规划指标的横向比较，以及对溆浦县城区进行的引导性规划指标的测算，确定相应的指标体系。

2.地块合并、细分开发

地块合并、细分开发原则上按总量平衡控制，如果多地块合并开发，总体开发强度应不大于各地块开发强度之和，配套设施可以在合并后的地块内设置。如果单地块细分开发，各期开发强度之和应小于该地块在规划中的规定，并由规划行政主管部门根据具体情况指定各细分的地块配套设置项目、数量，其用地面积及建筑面积不得小于规划中的规定。

3.开发强度控制

结合现状，分析溆浦县县城整体的开发建设条件，综合考虑人口密度、用地布局、建筑容量、建筑类型、城区景观等因素，将溆浦县城的开发控制强度划分为三个层次：低强度开发区、中强度开发区、高强度开发区，对开发强度从区域上进行总体控制。

鸟瞰图